SCIENCE IN
EVERYDAY LIFE

하루 한 권 Q&A

사토 가쓰아키 지음   이은혜 옮김

막힘없이 대답할 수 있도록
미리 공부하는 아이들의 궁금증 110가지

사토 가쓰아키

공학박사. 1942년 효고현에서 태어났다. 1966년 교토대학교 대학원 박사과정(전기공학)을 수료했으며, 1966년에 일본 방송협회를 거쳐 1984년부터 도쿄농공대학에서 근무하기 시작해 2007년에 같은 대학의 명예교수로 임명되었다. 과학기술진흥기구(JST)의 연구개발전략센터 특임 펠로우로 연구 활동을 한 바 있으며 화가로도 활동하며 사단법인 일본화부 서양화부 상무이사 심사원을 역임하고 있다.

저서로는 『光と磁気(빛과 자기)』〈朝倉書店〉, 『応用電子物性工学(응용 전자물성공학)』〈コロナ社〉, 『黄金の石に魅せられて(황금색 돌에 빠져들다)』〈裳華房〉, 『応用物性(응용 물성)』〈オーム社〉, 『機能性材料のための量子工学(기능성 재료를 위한 양자공학)』〈講談社〉 등이 있다.

들어가며

손만 뻗으면 닿을 우리 주변 곳곳에는 매일 당연하게 사용하는 전자기기들이 있습니다. 전자레인지, 인덕션, 냉장고, TV, 핸드폰까지 일일이 열거하자면 열 손가락이 모자랄 정도입니다. 그런데 어느 날, 갑자기 독자 여러분의 아이가 이런 전자기기들이 어떻게 작동하는지 물었다고 상상해 봅시다. 과연 막힘없이 대답할 수 있을까요?

"금속은 왜 전기나 열이 잘 통하는 거야?"

"금은 왜 번쩍번쩍 빛이 나?"

"금은 두드리면 길게 늘어난다는데 왜 그런 거야?"

"철은 왜 녹이 슬어?"

"그런데 스테인리스는 왜 녹이 슬지 않지?"

"왜?"로 시작하는 아이들의 호기심에는 끝이 없습니다. 이런 아이들의 궁금증을 당신은 어느 수준까지 풀어 줄 수 있을까요?

"그런 거 몰라도 사는 데 아무 문제 없어!" 안타까운 현실이지만 어른들은 때때로 이렇게 얼버무리며 아이들의 호기심을 무참히 꺾어 버리기도 합니다. 학창 시절 학교에서 배운 과학 지식은 가물가물하고, 게다가 그때보다 훨씬 발전한 과학 기술을 따라가지 못하니 요즘 새롭게 등장한 전자기기들을 설명하기란 불가능하다고 생각할 수도 있습니다. 하지만 사정이 그렇다고 "왜?", "어째서?"라고 묻는 아이들의 호기심을 외면해도 괜찮을까요?

이 책은 아이들의 궁금증에 막힘없이 대답하는 '이과형' 어른을 만들기 위한 지식을 담았습니다. 생활 속에서 자연스럽게 활용할 수 있도록 실제로 아이들이 궁금해하는 질문 385개를 모았고, 그중 110개를 엄선하여 책을 구성했습니다.

1장은 아이들에게 특히 중요한 분야인 음식에 관련된 질문으로 꾸렸습니다. 전자레인지, 인덕션, 냉장고에 관한 질문에 대답하려면 물리적 지식이 필요합니다. 한편 소금이나 설탕, 연소와 불꽃, 컵에 물방울이 맺히는 이유 같은 생활 속 궁금증에 대답하려면 화학적 지식이 필요하고요.

2장에서는 금속에 대한 궁금증을 살펴봅니다. 전기가 잘 통하고 열이 잘 전달되는 금속은 넓게 펴지거나 길게 늘어나기도 하고, 빛을 반사하여 반짝이기도 합니다. 이와 같은 금속 특유의 성질은 대부분 '자유전자'의 존재로 설명할 수 있습니다. 다소 높은 수준의 과학 지식이 필요한 부분인지라, 독자 입장에서 조금 더 쉽게 다가갈 수 있도록 전자를 귀여운 캐릭터로 표현했습니다.

과학 시간에 자석과 자기력선에 대해서 배운 아이들은 자기(磁氣, magnetism)에 관해서도 정말 많이 궁금해했습니다. 하지만 막상 자기를 제대로 설명하려면 이과 계열 대학 수준의 과학 지식이 필요하기 때문에 결코 쉽지 않은 일입니다. 그래서 3장에 자기와 전류에 대한 지식을 담았습니다. 평소 우리가 쓰는 제품에 자기가 얼마나 다양하게 활용되고 있는지 소개하는 칼럼도 실었으니 이 기회에 자기와 친해지기를 바랍니다.

4장에서 다루는 신기한 빛과 색 이야기는 아이들이 가장 많이 관심을 보인 부분이었습니다. 만화나 그림을 직접 그리는 걸 좋아하는 아이들은 빛과 색에 관해 궁금증이 많기 마련입니다. 현대 과학의 토대라 할 수 있는 양자론이나 상대성이론을 연구한 과학자들도 초기에는 빛의 신비를 파헤치며 연구를 시작했으니, 빛과 색에 대한 이해야말로 과학 질문에 막힘없이 대답하는 첫걸음이라 할 수 있겠습니다.

5장의 보석 이야기 역시 아이들의 시선을 사로잡는 주제였습니다. 알고 보면 보석의 색은 결정 속에 있는 전자의 작용으로 정해지니, 과학 지식을 높이기에 이만큼 안성맞춤인 분야도 없습니다. 이와 함께 정밀 기기나 레이저와 같은 최첨단 기기에 사용되는 보석도 함께 살펴봅니다.

질문이 가장 많았던 분야는 전기의 발생 원리와 전지, 형광등, 발광 다이오드(LED) 등이었습니다. 이를 6장 '신기한 전기'에서 다루었습니다.

여기에서 더 나아가 TV(액정)와 핸드폰, 컴퓨터, 인터넷에 관련된 궁금증도 상당히 많았습니다. 그래서 7장 '신기한 전자기기'에서는 다른 사람에게 물어보기 민망한 기본적인 궁금증에 초점을 맞추어, 물리만이 아니라 전자공학에 대한 지식도 높일 수 있도록 썼습니다.

마지막 8장 '신기한 우주와 지구'는 자세히 설명하자면 끝이 없는 분야인 만큼, 책의 분량을 고려해서 기본적인 지식만 간략하게 다루었습니다.

이 책이 만들어지는 과정에서 400개에 가까운 아이들의 질문을 모아 준 'HOH 이과 서클' 선생님들의 노고에 진심으로 감사드립니다. 한편 식물이나 동물과 같은 생명과학 계열의 질문도 많았지만, 이 책은 저의 전문 분야를 중심으로 구성했다는 점을 밝혀 둡니다. 서양화를 그리는 사람으로서 책 속에 실린 일러스트도 직접 그려 볼 수 있는 즐거운 시간이었습니다. 부디 모두 재미있게 읽어 주기를 바랍니다.

사토 가쓰아키

목차

신기한 빛과 색

제5장 신기한 보석

제6장 신기한 전기

제1장

신기한 주방

주방을 가만히 둘러보면 의외로 신기한 물건들이 많습니다. 사실 주방에 있는 여러 물건들에는 놀라운 과학이 숨어 있죠. 지금부터 주방을 탐험하며 전자기기 속 비밀을 파헤쳐 봅시다!

 전자레인지의 과학

 전자레인지에 음식을 돌리면 왜 따뜻해지나요? 전자레인지에서 전자가 어떤 작용을 하는지 궁금해요.

 전자레인지는 마이크로파를 이용해서 음식을 따뜻하게 데웁니다. 사실 전자레인지로 음식을 데울 때 전자는 필요하지 않다는 뜻이랍니다.

우리가 전자레인지라고 부르는 이 물건, 영어로는 microwave oven이에요. 해석하면 마이크로파 오븐이죠. 13쪽 그림을 봅시다. 전자레인지는 ❶마그네트론(magnetron)이라는 진공관에서 생성한 **마이크로파(microwave)**를 ❷ 안테나를 통해 ❸식품에 발사하여 음식을 데워요. 이때 발생하는 마이크로파는 핸드폰이나 위성방송에 쓰이는 주파수와 같은 대역의 **전파**입니다.[1]

참고로 핸드폰의 주파수는 0.8~2GHz[2](기가헤르츠)고, 전자레인지는 2.45GHz입니다.

2.45GHz의 높은 주파수를 가진 전파가 음식에 닿으면, 음식 안에 있는 물 분자가 전파의 영향을 받아 1초에 약 25억 회 정도 진동합니다. 분자가 진동(혹은 회전)하면서 발생한 에너지가 열로 전환되어 음식을 따뜻하게 데웁니다. 다시 말해 전자레인지는 음식 속에 있는 **수분을 열의 원천으로 이용해** 음식 전체를 데워요.

전자레인지가 사실 전자를 사용하지 않는다니 신기하지요? 다만 많은 전자레인지에는 음식의 온도를 측정해 가며 적정 온도에 도달하도록 전파의 강도와 가열 시간을 조절하는 기능이 탑재되어 있습니다. 이 기능에 온도 센서와 같은 '**전자공학**'을 응용하고 있으니 전자레인지라고 불러도 틀린 표현은 아니겠네요.

---

1 마이크로파는 전자레인지용 전파만을 지칭하는 말이 아니라, 전파 중에서 주파수가 0.3GHz~300GHz 사이에 해당하는 전파를 통틀어 칭하는 용어다. −옮긴이
2 1GHz는 1,000MHz(메가헤르츠)로 1초에 10억 회 진동함을 의미한다.

그림 전자레인지의 원리

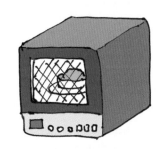

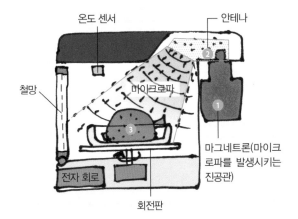

온도 센서

안테나

철망

마이크로파

마그네트론(마이크
로파를 발생시키는
진공관)

전자 회로

회전판

마이크로파

물 분자

마이크로파가 음식 안에 있는 물
분자를 진동 또는 회전시키고, 여
기서 발생하는 운동 에너지가 열
로 전환된다.

왜 도자기 그릇은 전자레인지에 넣고 돌려도 뜨거워지지 않나요?

 도자기 그릇 속에는 전파를 받아 진동 혹은 회전할 물 분자가 없기 때문입니다.

음식 안에는 전파의 영향을 받아 흔들리는 물 분자가 있지만, 도자기 그릇 안에는 진동 혹은 회전함으로써 열을 발생시킬 물 분자가 없어요. 그러니 전자레인지에 돌려도 뜨거워지지 않는 거죠.

다만 가열된 음식의 열이 전해져 그릇이 뜨거워지는 경우가 있으니 항상 조심해야 합니다.

그림 물이 있어야 뜨거워진다!

음식(안에 물이 있다)   도자기 그릇(안에 물이 없다)

핸드폰과 전자레인지 둘 다 마이크로파를 사용한다면.
핸드폰으로도 음식을 데울 수 있나요?

 핸드폰에서 나오는 마이크로파의 힘은 전자레인지의
1,000분의 1에도 못 미칠 만큼 약하기 때문에 음식을
데울 수 없어요.

핸드폰에서 발생하는 마이크로파의 세기는 최대 800mW(밀리와트)예
요.[3] 전자레인지에서 사용하는 마이크로파의 세기가 1kW(킬로와트)라는
점을 고려하면 1,000분의 1도 안 되는 미미한 양이죠. 그러니 핸드폰에서
발생하는 전파로 음식을 데우기란 불가능합니다.

그림 다 같은 마이크로파가 아니다

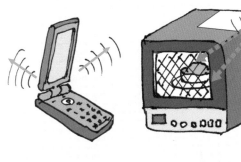

0.8W(=800mW)
이하의 약한 전파

1,000W 이상의 강한 전파

---

3 마이크로파의 세기는 그 양과 주파수로 결정된다. -옮긴이

전자레인지 안에 있는 회전판은 왜 빙글빙글 돌아가는 건가요?

 전파가 음식에 골고루 닿을 수 있도록 음식을 돌려 줘야 하기 때문이에요.

아래 그림을 봅시다. 안테나에서 나온 전파는 음식의 한쪽 면에만 닿습니다. 이 상태에서 음식의 온도를 측정하면 전파가 닿은 쪽은 뜨겁지만, 닿지 않은 쪽은 가열되지 않아 여전히 차갑겠죠? 이 문제를 해결하기 위해 전자레인지 개발자들은 접시를 회전하도록 만들었어요. 전파가 음식에 골고루 닿도록 말이죠.

그림 음식 전체를 데우려면 접시를 회전시켜야 한다

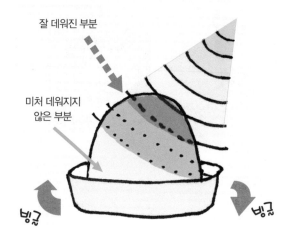

전자레인지 문에는 왜 철망 같은 것이 붙어 있나요?

 마이크로파가 밖으로 나오지 못하게 막기 위해서예요.
금속망이 마이크로파를 막아 줍니다.

　전자레인지 문에 있는 금속망은 마이크로파가 밖으로 새어 나오지 못하도록 막아 줍니다. 전자레인지는 마이크로파를 이용해 음식을 가열하는데, 사람의 손에 마이크로파가 닿으면 화상을 입을 수도 있기 때문이죠.

　금속으로 전자레인지 전체를 감싸 버리면 확실히 안전해서 좋겠지만, 그렇게 하면 안에 있는 음식이 어떻게 되어 가는지를 확인할 수가 없죠. 그래서 금속판에 작은 구멍들을 뚫어 만든 금속망을 붙임으로써 안을 볼 수 있도록 했어요. 마이크로파는 새어 나올 수 없고 안은 보이는, 절묘한 크기의 구멍입니다.

　　　그림 **마이크로파를 막아 주는 전자레인지의 철망**

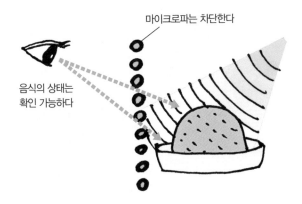

마이크로파는 차단한다

음식의 상태는
확인 가능하다

알루미늄 포일을 왜 전자레인지에 넣으면 안 되나요?

 마이크로파와 알루미늄 포일이 만나면 전류가 너무 많이 흘러요. 그러면 알루미늄이 녹거나, 뾰족한 부분에서 방전이 일어나 불꽃이 튈 수 있죠.

알루미늄과 같은 금속은 일반적으로 전기가 잘 통합니다. 예를 들어 배터리의 양 끝을 금속 전선으로 연결하면 금속에 많은 양의 전류가 흘러서 열이 발생하는데, 이때 가느다란 전선이 열을 견디지 못하고 녹아서 끊어지기도 하죠.

금속을 전자레인지에 넣으면 마이크로파의 전압이 금속에 걸려 다량의 전류가 흘러 들어갑니다. 이때 발생한 열 때문에 금속이 녹기도 하고, 금속 표면에 강한 자기장이 생겨 방전 현상⁴이 발생하기도 합니다. 예를 들어 그릇에 금가루로 그린 무늬가 약간만 있어도 표면에서 불꽃이 튀며 타 버릴 수 있습니다.

그림 금속이 전자레인지 안에서 녹거나 방전을 일으킨다

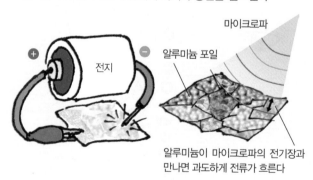

마이크로파

알루미늄 포일

전지

알루미늄이 마이크로파의 전기장과 만나면 과도하게 전류가 흐른다

---

4 전기를 가지고 있는 물체에서 전기가 외부로 흘러나오는 현상을 말한다. —옮긴이

달걀을 전자레인지에 돌리면 펑 하고 터지는 이유가 뭐가요?

 열을 받아서 수증기가 된 수분이 달걀 껍데기 안에 갇혀 있으면 압력이 올라가서 터질 수밖에 없어요

달걀을 전자레인지에 넣고 돌리면 노른자와 흰자에 들어 있는 수분이 마이크로파를 받아 가열되어 수증기로 변합니다. 물이 수증기가 되면 부피가 증가하는데 껍데기 안에 갇혀 있으니 압력이 상승하게 되죠. 달걀 껍데기가 견딜 수 없을 정도로 압력이 올라가면 작은 폭발이 일어납니다. 레트로트 식품 포장 봉지에 구멍을 내지 않고 전자레인지에 돌리면 봉지가 크게 부풀어 오르다가 터지는 이유도 같은 원리입니다. 식품 안의 수분이 수증기가 되어 팽창하는 거죠.

한편 달걀을 10초 정도로 짧게 가열하면 어떻게 될까요? 온도가 올라가기는 해도 물이 액체 상태를 유지하기 때문에 터지지는 않다가, 먹으려고 껍데기를 깨는 순간 급속도로 기화하며 폭발할 수도 있습니다. 달걀은 전자레인지에 넣으면 매우 위험한 물건이 될 수 있으니 항상 조심해야 합니다.

그림 **수증기로 변하는 수분**

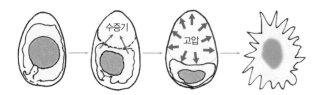

인덕션(전자조리기)은 불도 없이 어떻게 요리를 할 수 있는 건가요?

 인덕션을 사용하면 냄비 자체에서 열이 나기 때문에 불이 필요 없어요

우리가 흔히 인덕션이라 부르는 전자조리기. IH라는 말이 붙어 있는 경우가 많은데 유도가열을 의미하는 induction heating의 머리글자를 딴 용어예요. 인덕션의 상판을 들춰 보면 21쪽 그림과 같이 ❶코일과 ❷인버터가 보입니다. 인버터에서 2만~6만Hz(헤르츠)의 고주파 전류를 코일에 공급하면, 코일 주변에는 고주파 자기장이 형성되죠.

이때 형성되는 자기장을 그려 보면 21쪽 그림의 가운데와 같은 모양입니다. 고주파 전류는 ⓐ 방향과 ⓑ 방향을 번갈아 가며 흐르는데 그 뒤바뀌는 주기가 1초에 2만~6만 번이나 됩니다. 앞에서 언급했듯이 전류가 흐르면 가장 바깥쪽 코일의 외측과 가장 안쪽 코일의 내측에 자기장이 발생하고, 전류 방향의 변화에 따라 자기장을 나타내는 화살표의 방향도 1초에 2만~6만 번 바뀌게 됩니다.

이렇게 계속해서 방향이 변하는 ❸자기장이 금속인 냄비 바닥을 통과하면 자기장의 변화에 저항하는 힘이 생겨서 자기장 주변에 ❹와전류[5]가 발생합니다. 와전류가 흐르면 금속 고유의 전기 저항성 때문에 열이 발생합니다. 이것이 바로 유도가열의 원리입니다. 쉽게 말해 냄비 자체가 전열기의 열선 역할을 하는 셈이죠.

반면 세라믹이나 유리처럼 전기가 통하지 않는 절연체는 전자파를 받아도 와전류가 발생하지 않기 때문에, 세라믹이나 유리로 만든 냄비는 인덕션에 올려도 뜨거워지지 않습니다.

---

5 도체 내부 혹은 외부에 생긴 자기장의 영향을 받아 도체 내부에 소용돌이 모양으로 흐르는 전류. -옮긴이

그림 인덕션의 원리

상판

코일

인버터

● 계속해서 변하는 자기력선의 방향

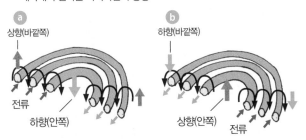

a
상향(바깥쪽)

전류

하향(안쪽)

b
하향(바깥쪽)

상향(안쪽)

전류

● 냄비 바닥이 곧 열선이 된다

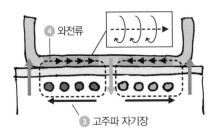

④ 와전류

③ 고주파 자기장

인덕션은 왜 꼭 전용 냄비를 써야 하나요? 금속 냄비면 다 되는 게 아니었다니!

 인덕션은 냄비 바닥에 흐르는 와전류를 이용해 열을 내기 때문에 전기 저항이 높은 금속으로 만든 냄비만 쓸 수 있어요

인덕션은 자기장을 발생시켜 금속 내부에 와전류를 흐르게 해 열을 발생시키는 원리이기 때문에, 와전류와 부딪칠 전기 저항이 높지 않은 물체를 쓰면 열을 내지 못합니다. 따라서 철이나 스테인리스와 같이 전기 저항이 큰 금속 재질의 냄비가 아니면 음식을 조리할 만한 열을 얻을 수 없죠. 또한 금속에는 **고주파 전류일수록 내부로 들이지 않으려고 하는** 성질이 있어 **표피효과**(skin effect)가 발생하는데, 다음 23쪽 그림 1을 통해 자세히 살펴봅시다. 파란색으로 표시한 부분이 전류가 흐를 때 전선 내부에 전류가 분포하는 곳입니다.

❶에서 볼 수 있듯이 직류 전류는 단면에 고루 분포하지만, 교류 전류는 전선 표면 쪽에 몰려 있어서 중심에는 전류가 거의 흐르지 않습니다. ❷부터 ❹에서 볼 수 있듯이 주파수가 높은 교류일수록 표면 쪽에 더 치우쳐서 흐릅니다.

표피효과 때문에 23쪽 그림 2와 같이 냄비도 바닥 표면에서부터 일정 깊이(표피 깊이)까지 전류가 흐르고 표면에 가까운 부위에서 열이 납니다. 일반적으로 표피 깊이는 전기 저항률의 제곱근에 반비례하기 때문에 구리나 알루미늄처럼 전기 저항률이 낮은 금속으로 만든 냄비는 표피의 깊이가 깊고 열이 잘 발생하지 않아서 인덕션에 사용할 수 없어요.

그림 1 전류와 표피효과

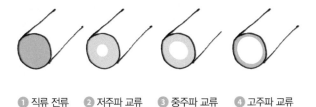

❶ 직류 전류   ❷ 저주파 교류   ❸ 중주파 교류   ❹ 고주파 교류

그림 2 금속 냄비의 어디가 뜨거워질까

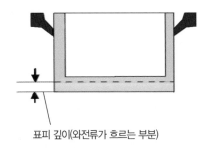

표피 깊이(와전류가 흐르는 부분)

고주파 전류는 표피효과 때문에 금속의 표면 쪽에 집중해서 전류가 흐릅니다.

Q 그런데 알루미늄 냄비도 사용 가능한 인덕션이 있던데요. 인덕션에서 어떻게 알루미늄 냄비를 쓸 수 있나요?

 A 그런 인덕션은 냄비로 전달되는 전력을 높이는 다양한 방법이 적용되어 있어요

비록 효율은 낮겠지만, 알루미늄처럼 전기 저항률이 낮은 금속도 전력만 흘려보낼 수 있으면 열을 낼 수 있어요. 그래서 알루미늄 냄비를 사용할 수 있는 인덕션은 다른 일반적인 제품보다 코일을 3배나 더 감아 자기장의 세기를 높인 제품이에요. 혹은 22쪽에서 한 설명을 기억하나요? 고주파일수록 표피 깊이가 얕아지고 전기 저항률이 높아져 큰 열이 발생한다고 했죠. 즉 6만Hz의 고주파를 사용해 냄비로 전달되는 전력을 높이는 방법도 있어요.

그림 자기장의 세기를 높이는 방법

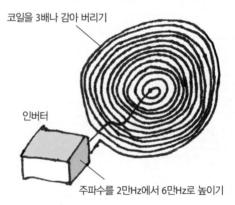

IH 전기밥솥의 원리

인덕션의 원리를 이용해 밥솥 전체
를 가열하는 IH 전기밥솥은 밥솥 바
닥 부분만 뜨거워지는 기존의 전기
밥솥보다 더 넓은 범위를 균일하게
가열할 수 있어요.

밥솥 전체가 열을 내기 때
문에 전체적으로 뜨거워
진다

코일   자기장

IH 전기밥솥

발열체 바로 윗부분만
뜨거워진다

발열

일반 전기밥솥

IH 전기밥솥은 발열부인 철과 열전
도체인 알루미늄을 겹쳐 쌓아 만들
었기 때문에 내부를 균일하게 가열
할 수 있어요.

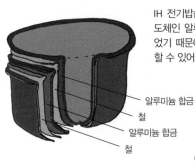

알루미늄 합금
철
알루미늄 합금
철

냉장고의 과학

냉장고는 어떤 원리로 음식을 차갑게 만들 수 있나요?

냉장고는 액체인 냉매가 기체로 변할 때 열을 흡수하는 현상을 이용해서 음식을 차갑게 만들어요.

병원에 가면 주사를 놓기 전에 먼저 알코올로 피부를 소독합니다. 이때 순간적으로 오싹한 느낌이 들죠. 알코올이 기체가 되면서 피부의 열을 빼앗기 때문입니다. 이렇게 액체가 기체가 될 때 사용하는 열을 기화열이라고 합니다. 냉장고 역시 이 원리를 이용해 안의 공기를 차갑게 만들어요.

27쪽에 냉장고의 구조를 간단히 소개합니다. 파이프가 냉장고 안을 감싸듯 배치되어 있고, 후면 바깥쪽에는 ❶압축기(compressor)와 ❷응축기(condenser)가, 냉장고 안쪽에는 ❸증발기(evaporator)가 있습니다. 그리고 파이프 안에는 화학물질인 냉매가 채워져 있어요. 냉매는 실온에서 액체 상태지만 온도가 올라가면 기체로 변합니다. 냉매가 기체가 되면 압축기가 전기로 모터를 돌려 냉매에 압력을 가해 그 체적을 5분의 1로 압축합니다.

❶압축기에서 압축된 고온·고압의 가스는 이 상태로 냉장고 벽에 구불구불 둘러쳐진 ❷응축기를 통과하고, 그사이에 식어서 다시 액체가 됩니다. 액체가 된 냉매는 좁은 파이프를 통과해 냉장고 안의 ❸증발기 속 넓은 공간에 안개처럼 뿜어집니다.

안개라는 표현이 말해 주듯이, 이때 냉매는 작은 액체 입자입니다. 이 입자가 넓은 공간으로 나오면 주변의 압력이 낮아져서 기체가 됩니다. 기체가 된 냉매는 증발기에서 기화열을 빼앗으며 다시 압축기로 이동합니다. 이 과정에서 열을 빼앗긴 증발기 바깥쪽, 즉 냉장고 안의 공기가 차가워지며 '냉기'가 만들어집니다. 이 냉기가 식품을 차갑게 만드는 거죠.

냉장고에서 냉매가 액체 → 기체 → 액체 상태로 변화를 반복하는 사이에 응축기는 냉장고 안의 열을 밖으로 배출합니다. 이 점에서 냉장고 시스템을 히트 펌프(heat pump)라고 부릅니다. 참고로 에어컨도 기본적인 원리는 냉장고와 같습니다.

그림 1 냉장고의 구성

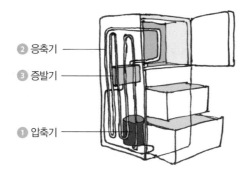

❷ 응축기

❸ 증발기

❶ 압축기

그림 2 냉장고가 차가워지는 원리

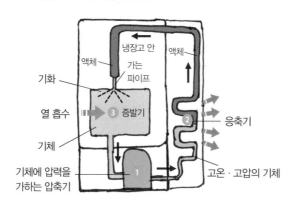

냉장고 안

액체

액체

기화

가는 파이프

열 흡수

❸ 증발기

응축기

기체

기체에 압력을 가하는 압축기

고온 · 고압의 기체

가스냉장고라는 게 있다고 하는데, 가스로 어떻게 음식을 차갑게 만드나요?

 가스냉장고는 냉매의 기화열을 이용한다는 점에서는 전기냉장고와 같아요. 다만 고압의 기체를 만들기 위해 액체 냉매를 가스 불로 가열하죠.

전기냉장고는 압축기로 고압의 기체를 만든다고 했죠. 가스냉장고는 29쪽 그림과 같이 가스로 ❶발생기 안에 있는 냉매인 암모니아 수용액을 가열해 고압의 암모니아 기체와 수증기를 생성합니다. 이렇게 발생한 기체를 ❷분리기에서 물과 암모니아 기체로 분리하고 물은 수조로 돌려보냅니다. 한편 고압의 암모니아 기체는 ❸응축기(전기냉장고의 응축기와 같은 역할을 합니다)로 보내져 냉각되고, 다시 액체로 변한 암모니아는 냉장고 내부에 있는 ❹증발기로 이동합니다. 여기서 액체가 기화하며 냉장고 안의 열을 빼앗아 음식을 차갑게 만들어요.

그 후 암모니아 기체는 ❺수조로 이동해 물과 섞여 냉매인 암모니아 수용액으로 변합니다. 그리고 다시 ❶발생기에서 가열되는 과정을 반복합니다. 이처럼 전기냉장고와 다르게 모터를 사용하지 않는 가스냉장고는 작동 중에 소음이 발생하지 않아서 '조용한 냉장고'로도 불리죠.

그 밖에 가스를 사용해서 냉각하는 시스템으로 GHP(Gas Heat Pump)가 있습니다. GHP를 사용하는 에어컨은 가스냉장고와 달리, 전기냉장고나 일반 에어컨과 똑같은 압축기를 사용합니다. 압축기를 작동시키기 위한 동력으로 가스 엔진을 사용한다는 점만 달라요. 다만 GHP에 사용하는 가스 엔진은 자동차 엔진과 기본적인 원리가 같아서 작동 중에 엔진음이 난다는 단점이 있습니다.

그림 가스냉장고의 원리

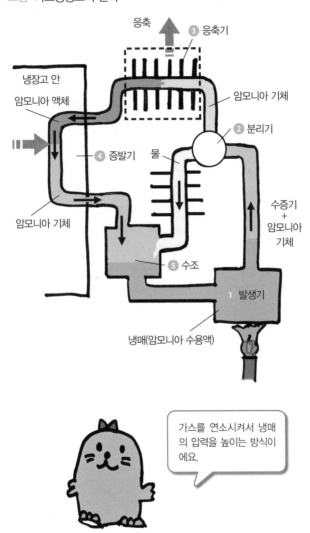

가스를 연소시켜서 냉매의 압력을 높이는 방식이에요.

용해

 Q 소금과 설탕은 물에 녹는 방식이 다르다는데. 그럴 수가 있나요? 어떻게 다른지 궁금해요.

A 소금은 물에 들어가면 나트륨 이온과 염화 이온으로 나뉜 후 각각 물 분자와 분자 사이에 들어가지만, 설탕은 분자 그대로 물 분자와 분자 사이에 들어가요

물은 31쪽 그림의 ⓐ와 같이 물(H_2O) 분자가 **수소결합**으로 이어진 네트워크 구조를 이루고 있어요. 어떤 물질이 물에 녹는 현상을 용해라 부르는데, 용매인 물 분자 사이에 녹는 물질(용질)의 분자가 균일하게 들어가는 것을 의미합니다. 다만 소금(염화 나트륨)과 설탕은 용해되는 방식이 전혀 달라요.

소금 알갱이는 ⓓ와 같이 양전하를 띤 나트륨 이온(Na^+)과 음전하를 띤 염화 이온(Cl^-)이 쿨롱의 힘[6]으로 강하게 이어진 이온 결정을 형성하고 있습니다. 소금을 물에 녹이면, ⓑ와 같이 나트륨 이온과 염화 이온이 분리되고, 따로따로 물 분자 네트워크 사이에 들어갑니다.

반면 설탕 알갱이는 ⓔ에 제시한 분자 모형에서 알 수 있듯이 45개의 원자로 이루어진 분자(분자식 $C_{12}H_{22}O_{11}$) 여러 개가 서로 분자간력[7]으로 연결된 결정입니다. 설탕을 물에 녹이면, ⓒ와 같이 분자가 원래 상태 그대로 물분자 네트워크 사이에 들어갑니다.

---

6 두 전하 사이에 작용하는 힘. 다른 부호의 전하 사이에는 인력(引力), 같은 부호의 전하 사이에는 척력(斥力)이 작용한다.
7 두 중성 분자 사이에 작용하는 인력. 근접했을 때만 작용한다.

그림 소금과 설탕의 차이

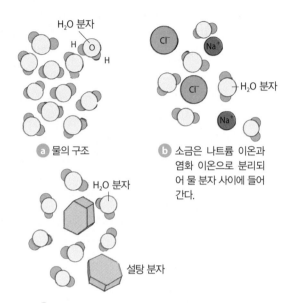

H₂O 분자

H O H

ⓐ 물의 구조

Cl⁻ Na⁺

Cl⁻ → H₂O 분자

Na⁺

ⓑ 소금은 나트륨 이온과 염화 이온으로 분리되어 물 분자 사이에 들어간다.

H₂O 분자

설탕 분자

ⓒ 설탕은 원래 분자 형태 그대로 물 분자 사이에 들어간다.

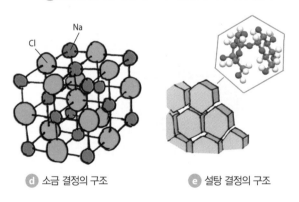

Na

Cl

ⓓ 소금 결정의 구조

ⓔ 설탕 결정의 구조

왜 설탕이 소금보다 물에 잘 녹나요? 분자 크기는 설탕이 소금보다 훨씬 큰데요

 설탕의 분자량이 많기 때문에 그렇게 보여요. g(그램) 단위로 보면 설탕이 8배나 많이 녹는 것처럼 보이지만, mol(몰) 단위로 보면 사실 큰 차이가 없답니다.

계속해서 물질을 물에 녹이면 아무리 저어도 녹지 않고 물질이 바닥에 가라앉아 더 이상 물질을 녹일 수 없는 상태가 됩니다. 용질을 넣어도 녹지 않는 상태가 된 수용액을 **포화수용액**이라고 합니다.

용매 100g에 녹일 수 있는 용질의 양을 **용해도**라고 합니다. 예를 들어 20℃의 물 100g에 설탕 204g을 녹일 수 있으니 이때 설탕의 용해도는 약 204g입니다. 반면 같은 조건에서 소금(염화 나트륨)의 용해도는 약 26g에 불과하죠.

다만 이 양을 mol(몰)[8] 단위로 환산해 보면 이야기가 조금 달라집니다. 설탕($C_{12}H_{22}O_{11}$)의 분자량[9]은 342, 소금(NaCl)의 분자량은 58.4이므로 설탕 204g은 약 0.6mol, 소금 26g은 약 0.45mol이죠. 우리가 재는 무게로 따지면 설탕이 더 많이 녹는 것처럼 보이지만, 몰 단위로 비교하면 그렇게 큰 차이는 없다는 사실을 알 수 있습니다.

 물 100g에 녹일 수 있는 용질의 양

설탕 204g

물 100g

소금 26g

---

8 원자나 분자의 개수를 세기 위한 묶음 단위. 특정 물질이 원자로만 이루어져 있다면 질량을 원자 수로 나눈 값이고, 분자로만 이루어져 있다면 질량을 분자량으로 나눈 값이다.
9 원자의 질량을 원자량이라 하며, 분자량은 분자를 이루는 원자들의 원자량을 합한 값을 이른다. 즉 분자의 질량이다. 분자로 존재하지 않는 소금의 경우 화학식을 가지고 계산하기에 화학식량이라고 부르지만, 저자는 동일하게 분자량으로 칭했다. —옮긴이

Q 소금은 물의 온도를 높여도 더 잘 녹는 것 같진 않은데, 설탕은 물 온도가 높아지면 더 많이 녹아요. 왜죠?

A 소금은 낮은 온도에서도 이온화하여 물에 녹지만, 설탕은 물 온도가 상승해서 분자와 분자 사이의 결합이 약해지면 더 잘 녹을 수 있어요.

소금은 20℃의 물 100g에 0.45mol을 녹일 수 있어요. 온도가 100℃가 되어도 녹일 수 있는 양은 0.48mol로 크게 다르지 않습니다. 그 이유는 용해열 때문입니다. 일반적으로 고체가 물에 녹을 때 필요한 에너지를 **용해열**이라고 하는데, 소금이 용해될 때 필요한 에너지는 3.9kJ/mol이면 충분합니다. 때문에 낮은 온도에서도 이온화하여 녹을 수 있기에, 온도가 올라가도 용해도는 거의 증가하지 않습니다.

반면 설탕의 물에 대한 용해도는 20℃에서는 0.6mol, 100℃에서는 1.4mol입니다. 온도가 올라가면 용해도도 증가한다는 뜻이죠. 설탕이 물에 녹을 때는 5.4kJ/mol의 용해열이 필요합니다. 고체 상태인 설탕 분자는 분자끼리 결합하는 힘이 강해서 온도가 낮을 때는 서로 붙어 있는 편이 에너지 측면에서 안정적이라 잘 녹지 않아요. 따라서 설탕은 온도가 높을수록 잘 녹습니다.

그림 소금과 설탕의 차이는 용해열에 있다

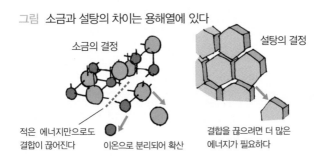

소금의 결정

설탕의 결정

적은 에너지만으로도
결합이 끊어진다

이온으로 분리되어 확산

결합을 끊으려면 더 많은
에너지가 필요하다

연소 ①

 기름에는 왜 불이 잘 붙나요?

 기름은 낮은 온도에서도 쉽게 증발해서 기체가 되어 공기와 섞이기 때문이에요.

물질에 불이 붙는 현상은 물질이 공기 중에 있는 **산소와 화학반응을** 일으키기 **때문에** 발생합니다. 이를 연소라 칭하는데, 우선 관련된 개념부터 알고 시작합시다. 가열한 용기에 기름을 한 방울 떨어뜨렸을 때 기름이 증발해서 공기와 섞이고 마침내 불꽃이 발생하는 온도를 **발화점**, 가열한 기름에 불을 가까이 가져갔을 때 불이 붙는 최저온도를 그 기름의 **인화점**이라고 합니다.

다음 표는 각종 기름의 발화점과 인화점, 끓는점을 정리한 것입니다. '발화점'을 보면 사실 기름 자체는 그렇게 쉽게 불이 붙는 물질이 아니라는 사실을 알 수 있어요. 예를 들어 휘발유가 발화하려면 300℃의 고온이 필요하죠. 하지만 '인화점'을 볼까요? 꽤 낮은 온도에서도 불이 붙습니다. 심지어 휘발유는 영하 40℃ 이하에서도 인화가 가능합니다. 어떻게 이렇게 낮은 온도에서 불이 붙을 수 있을까요?

그 비밀은 폭발범위에 있습니다. 휘발유가 증발해서 기체가 되어 공기중에 섞일 때 **폭발범위**에 해당하는 농도(기체 전체의 1.4~7.6%)에 도달하면 자연스럽게 불이 붙거든요. 이 농도보다 옅거나 진하면 불이 붙지 않습니다. 이처럼 물질 자체가 기화해서 타는 현상을 **증발연소**라고 합니다.

표 기름이 연소되는 온도

	발화점(℃)	인화점(℃)	끓는점(℃)	폭발범위(%)
휘발유	300	<−40	30~210	1.4~7.6
등유	256	40~60	150~320	1.1~6
콩기름	444	282	열분해	불분명

휘발유의 끓는점은 30~210℃입니다. 하지만 끓는점보다 온도가 낮아도 표면에서는 증발이 일어나기 때문에 영하 40℃의 저온에서도 휘발유 기체가 생기고, 그래서 비교적 쉽게 인화합니다. 반면 끓는점이 150~320℃인 등유는 상대적으로 표면에서 증발이 잘 일어나지 않아서 휘발유에 비해 잘 인화하지 않는 것이죠.

한편 식용유로 사용하는 콩기름은 444℃까지 온도가 치솟지 않으면 발화하지 않고, 인화점도 282℃로 높은 편입니다. 그래서 튀김 요리를 할 때 식용유에 성냥불을 가까이 가져가도 휘발유처럼 쉽게 불이 붙지는 않습니다. 보통 식용유는 끓는점에 도달하기 전에 열분해가 진행되는데, 이때 발생한 가연성 가스가 불에 타는 분해연소 방식으로 연소합니다. 이런 분해연

그림 1 발화점과 인화점

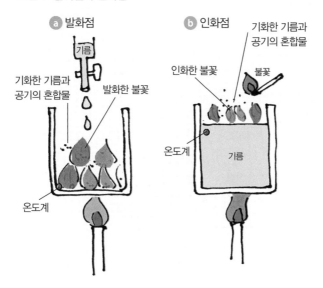

소가 일어나려면 열분해를 일으킬 정도의 고온이 필요하기 때문에 식용유는 쉽게 인화하지 않습니다.

그림 2 증발연소와 분해연소

증발연소
가연 물질 자체가 기화하여 연소

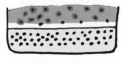

휘발유의 연소

분해연소
열분해로 생성된 가연물이 연소

식용유의 연소

같은 기름이라도 휘발유와 식용유는 연소하는 방식이 달라요.

연소 ②

 불꽃은 어떻게 생기는 건가요?

 불꽃은 기체가 타고 있는 상태에요. 즉 기체가 타면 불꽃이 생겨요.

양초의 불꽃을 예로 들어 살펴봅시다. 양초에 불을 붙이면 아래 그림과 같이 ❶밀랍(파라핀)이 열에 녹아서 액체가 되고, 이 액체는 모세관 현상[10]에 의해 섬유로 된 ❷심지를 타고 올라가 ❸증발해서 파라핀 기체가 됩니다. ❹기체 파라핀이 산소와 만나서 불이 붙으면 연소열이 발생하고, 이 열이 ❶액체 파라핀을 다시 증발시켜 ❸기체 파라핀이 꾸준히 공급되기 때문에 불꽃이 계속 탈 수 있죠. 이때 불꽃의 바깥쪽(겉불꽃)은 산소와 접촉하기 때문에 산화 반응이 일어나서 온도가 높아지는데, 일반적으로 온도가 높은 물체는 빛을 방출합니다. 이 현상을 흑체방사라고 합니다. 고온일수록 방출하는 빛의 파장이 짧아지기 때문에 겉불꽃은 파란색을 띱니다.

반면 불꽃의 안쪽(속불꽃)은 산소가 부족해서 불완전 연소가 일어나고, 남은 탄소가 그을음(미립자)이 됩니다. 이 그을음이 빛을 내기 때문에 속불꽃이 더 밝게 빛나지만, 온도는 그다지 높지 않아서 주황색을 띠죠.

그림 **양초가 타는 원리**

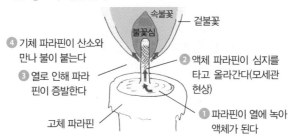

---

10 중력 등의 외부 힘에 상관없이 유체가 가느다란 관이나 다공성 물질 등의 좁은 공간을 타고 올라가는 성질. —옮긴이

양초의 심지는 어떻게 먼저 타 버리지 않고 끝까지 남아 있을 수 있나요?

 밀랍이 기화할 때 기화열을 흡수해서 심지의 온도가 낮아지기 때문이에요.

심지가 타지 않는 것은 아닙니다. 다만 천천히 탈 뿐이죠. 그럴 수 있는 이유는, 심지를 타고 올라온 액체 파라핀이 심지를 감싸고 이것이 기화하면서 열을 흡수하기 때문입니다. 덕분에 심지의 온도가 발화점보다 낮은 상태를 유지할 수 있죠. 다만 기화할 파라핀이 적은 심지의 끝부분은 온도가 상승해 까맣게 타 버려요.

그림 양초의 심지가 먼저 타 버리지 않는 이유

파라핀이 증발해 사라진 심지 끝부분은 불에 타서 짧아진다

열로 인해 파라핀이 증발한다

파라핀이 기화열을 빼앗아 가서 온도가 낮아지기 때문에 심지가 타지 않는다

Q 차가운 주스를 따른 컵에는 왜 물방울이 맺히나요?
물이 유리를 통과해서 컵 바깥으로 나오는 건가요?

A 공기 중에 있는 수증기가 식어서 액체가 되기 때문이에요.

물 분자가 유리컵을 통과해서 밖으로 나왔을 리는 없겠죠? 유리컵 표면에 물방울이 맺히는 이유는 컵 주변의 공기가 차가워져서 공기 중에 있는 수증기가 액체 상태인 물이 되기 때문이에요.

공기에는 수증기가 포함되어 있습니다. 공기 중에 물 분자가 뿔뿔이 흩어져 있는 상태예요. 공기 중에 포함된 수증기량은 **포화수증기량**으로 나

물방울이 맺힌 유리컵

타내는데, 포화수증기량은 특정 온도에서 단위 체적당 공기가 포함할 수 있는 수증기의 최대 질량을 의미합니다.

아래의 표에서 알 수 있듯이, 온도가 높을수록 공기가 포함할 수 있는 수증기의 양이 많습니다. 25℃일 때는 공기 $1m^3$(세제곱미터)에 최대 23.1g의 수증기가 있을 수 있지만, 10℃가 되면 같은 체적에 들어갈 수 있는 수증기의 양은 9.41g으로 줄어듭니다.

현재 방의 습도가 60%라고 합시다. 습도는 $1m^3$의 공기에 포함된 수증기량을 해당 온도의 포화수증기량으로 나눈 값입니다(따라서 습도의 정확한 명칭은 상대습도입니다). 따라서 온도 25℃, 습도 60%인 방의 공기 $1m^3$에

표 **포화수증기량**

T(℃)	g/m³	T(℃)	g/m³	T(℃)	g/m³	T(℃)	g/m³
−10	2.36	10	9.41	13	11.35	20	17.3
0	4.85	11	10.01	14	12.07	25	23.1
5	6.8	12	10.66	15	12.83	30	30.4

는 23.1×0.6=13.9(g)의 수증기가 포함되어 있습니다.

이 상태를 아래의 그래프에서 살펴봅시다. 25℃의 공기에 들어갈 수 있는 포화수증기량은 Ⓐ입니다. 습도가 60%이니 공기 중에 포함된 수증기량은 Ⓑ입니다. 이때 10℃의 차가운 물을 유리컵에 따른다면? 유리컵 표면에 있는 공기의 포화수증기량은 1m³당 9.4g(Ⓔ)이므로 포화량을 넘은 수분(Ⓓ-Ⓔ) 4.5g은 공기 중에서 밀려나 액체가 되어 유리컵 표면에 달라붙습니다. 이것이 바로 유리컵에 물방울이 맺히는 이유입니다.

한편 방 안의 공기를 차갑게 해서 방 온도가 Ⓒ가 되면 습도가 포화수증기량과 일치하겠죠. 이때 Ⓒ의 온도를 이슬점이라고 합니다.

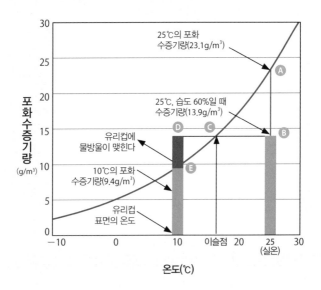

그래프 유리컵 표면 온도와 포화수증기량의 관계

하지만 겨울에는 물을 담아도 유리컵에 물이 맺히지 않아요. 왜 여름에만 물이 맺히나요?

 건조한 겨울에는 습도가 낮습니다. 즉 공기 중에 수분이 적어서 이슬점도 훨씬 낮습니다.

현재 기온이 15℃, 습도가 30%라고 합시다. 공기 중에 포함된 수증기량은 $12.83 \times 0.3 = 3.83 (g/m^3)$로 계산할 수 있겠죠. 이때 이슬점은 약 -4℃입니다. 즉 유리컵 안의 물이 0℃라고 해도 컵 표면에는 물이 맺히지 않습니다. 반면 여름에는 기온이 높아서 공기가 포함할 수 있는 수증기량이 많아져 습도가 높기 때문에 이슬점도 높습니다. 조금만 차가워져도 물방울이 맺히는 이유입니다.

그래프 **공기 중 수증기가 적으면 이슬점도 낮아진다**

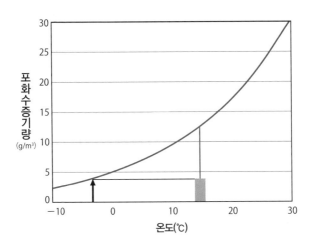

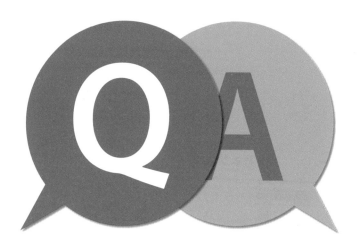

제2장

신기한 금속

2장의 주인공은 다름 아닌 전자입니다!

금속은 왜 전기가 통할까요? 게다가 금방 뜨거워지는데 대체 왜 일까요? 파도 파도 끝없이 나오는 금속의 수수께끼! 해답을 푸는 열쇠는 자유전자가 쥐고 있어요.

금속의 종류

 Q 어떤 물질을 금속이라고 하나요? 금속의 정의를 알려 주세요.

 A 광택이 나고, 전기와 열이 잘 통하며, 가공하기 쉬운 물질을 금속이라고 해요.

화학에서는 물질을 크게 무기물과 유기물로 나눕니다. 그리고 무기물에서 중요하게 여겨지는 것이 금속입니다. 『理化学辞典이화학사전』에서는 금속을 '광택이 나고 전기와 열이 잘 통하며 고체 상태에서 전성과 연성이 풍부한 물질'로 정의하고 있어요. 이 말을 하나하나 뜯어 봅시다.

첫째, **광택**이란 갈고 닦으면 반짝이는 성질을 말하며, 이것은 곧 금속이 빛을 반사한다는 것을 의미합니다. 왜 금속이 빛을 반사하는가에 대한 자세한 설명은 뒤에 나오므로, 여기서는 금속에 있는 자유전자의 작용 때문이라는 사실만 기억해 두세요.

둘째, **전기가 잘 통한다**라는 말은 전기가 잘 흐른다는 뜻입니다. 모두가 잘 알고 있겠지만, 그래서 전선을 가는 금속으로 만듭니다. 전기가 얼마나 잘 통하는지를 보여 주는 척도는 전기 전도도로 나타내지만, 사실 실생활에서는 전도도의 역수, 다시 말해 얼마나 전기가 잘 통하지 않는지를 나타내는 전기 저항률을 더 자주 씁니다. 주요 금속의 저항률을 45쪽의 표 1에 정리했으니 참고하길 바랍니다.

표 1에서 알 수 있듯이 금속의 전기 저항률은 $10^{-6} \sim 10^{-5}$Ωcm(옴센티미터) 정도입니다. 반면 절연체의 전기 저항률은 $10^{8} \sim 10^{10}$Ωcm 정도로, 자리 수가 무려 15자리나 차이가 날 만큼 값이 큽니다. 금속은 왜 이렇게 전기 저항률이 낮을까요? 뒤에서 자세히 설명하겠지만 간단히 말하면 금속 안에 있는 다수의 자유전자가 전기를 옮기기 때문입니다.

셋째, 금속은 **열이 잘 통한다**라는 말은 한 부분만 열원에 닿아도 금세 전체가 뜨거워진다는 뜻입니다. 금속이 열을 전달하는 정도는 열전도율로 나타내며, 단위는 W/(m · K)(미터-켈빈 당 와트)를 씁니다. 주요 금속의 열전도율도 표 2에 정리했습니다. 금속의 열전도율이 높은 이유 역시 자유전자의 작용 때문이에요.

넷째, **전성**(展性)은 금속을 종이처럼 얇고 넓게 펼 수 있는 성질을, **연성**(延性)은 금속을 잡아당겨 늘일 수 있는 성질을 말합니다. 전성과 연성을 합쳐서 소성(塑性) 혹은 가소성이라고 하며 이러한 성질 또한 모두 자유전자와 관련이 있습니다.

표 1 주요 금속의 전기 저항률(20℃)

금속	은	구리	금	알루미늄	철	텅스텐	타이타늄
전기 저항률 $(\times10^{-6}\Omega cm)$	1.61	1.70	2.20	2.74	9.8	5.3	43.1

전기 저항률을 ρ(로우)라고 하면 길이가 L(cm)이고 단면적이 $S(cm^2)$인 전선의 전기 저항 R(Ω)은 식 $R=\rho L/S$를 통해 구할 수 있다.

표 2 주요 금속의 열전도율(20℃)

금속	은	구리	금	알루미늄	철	텅스텐	타이타늄
열전도율 $(W/(m\cdot K))$	427	398	315	237	80	178	22

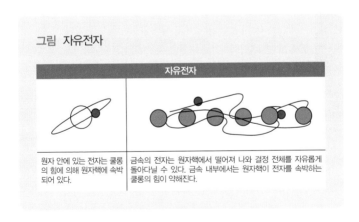

그림 자유전자

자유전자

원자 안에 있는 전자는 쿨롱의 힘에 의해 원자핵에 속박되어 있다.

금속의 전자는 원자핵에서 떨어져 나와 결정 전체를 자유롭게 돌아다닐 수 있다. 금속 내부에서는 원자핵이 전자를 속박하는 쿨롱의 힘이 약해진다.

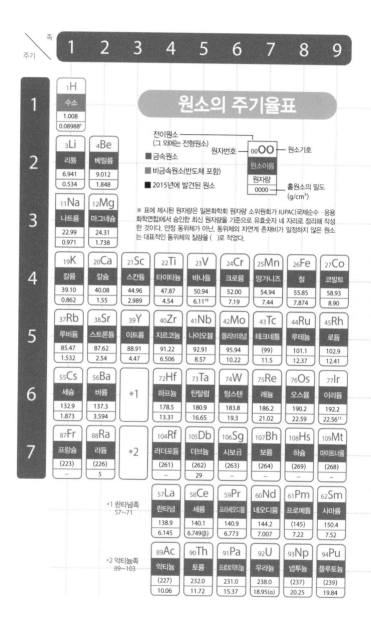

원소의 주기율표

족 / 주기

범례:
전이원소 (그 외에는 전형원소)
원자번호 ₀₀OO 원소기호
원소이름
원자량 0000 홑원소의 밀도 (g/cm³)

- ■ 금속원소
- ■ 비금속원소(반도체 포함)
- ■ 2015년에 발견된 원소

※ 표에 제시된 원자량은 일본화학회 원자량 소위원회가 IUPAC(국제순수·응용화학연합)에서 승인한 최신 원자량을 기준으로 유효숫자 네 자리로 정리해 작성한 것이다. 안정 동위체가 아닌, 동위체의 자연계 존재비가 일정하지 않은 원소는 대표적인 동위체의 질량을 ( )로 적었다.

원자번호	원소	원자량	밀도
1H	수소	1.008	0.08988⁰
3Li	리튬	6.941	0.534
4Be	베릴륨	9.012	1.848
11Na	나트륨	22.99	0.971
12Mg	마그네슘	24.31	1.738
19K	칼륨	39.10	0.862
20Ca	칼슘	40.08	1.55
21Sc	스칸듐	44.96	2.989
22Ti	타이타늄	47.87	4.54
23V	바나듐	50.94	6.11¹⁹
24Cr	크로뮴	52.00	7.19
25Mn	망가니즈	54.94	7.44
26Fe	철	55.85	7.874
27Co	코발트	58.93	8.90
37Rb	루비듐	85.47	1.532
38Sr	스트론튬	87.62	2.54
39Y	이트륨	88.91	4.47
40Zr	지르코늄	91.22	6.506
41Nb	나이오븀	92.91	8.57
42Mo	몰리브데넘	95.94	10.22
43Tc	테크네튬	(99)	11.5
44Ru	루테늄	101.1	12.37
45Rh	로듐	102.9	12.41
55Cs	세슘	132.9	1.873
56Ba	바륨	137.3	3.594
72Hf	하프늄	178.5	13.31
73Ta	탄탈럼	180.9	16.65
74W	텅스텐	183.8	19.3
75Re	레늄	186.2	21.02
76Os	오스뮴	190.2	22.59
77Ir	이리듐	192.2	22.56¹³
87Fr	프랑슘	(223)	–
88Ra	라듐	(226)	5
104Rf	러더포듐	(261)	–
105Db	더브늄	(262)	29
106Sg	시보귬	(263)	–
107Bh	보륨	(264)	–
108Hs	하슘	(269)	–
109Mt	마이트너륨	(268)	–

*1 란타넘족 57~71

원자번호	원소	원자량	밀도
57La	란타넘	138.9	6.145
58Ce	세륨	140.1	6.749(β)
59Pr	프라세오디뮴	140.9	6.773
60Nd	네오디뮴	144.2	7.007
61Pm	프로메튬	(145)	7.22
62Sm	사마륨	150.4	7.52

*2 악티늄족 89~103

원자번호	원소	원자량	밀도
89Ac	악티늄	(227)	10.06
90Th	토륨	232.0	11.72
91Pa	프로트악티늄	231.0	15.37
92U	우라늄	238.0	18.95(α)
93Np	넵투늄	(237)	20.25
94Pu	플루토늄	(239)	19.84

								₂He	
								헬륨	1
								4.003	
								0.1785⁰	

- He의 녹는점은 2.6×10⁶Pa, As의 녹는점은 2.8×10⁶Pa일 때의 값이다.
- Be의 녹는점은 가압했을 때의 값이다.
- C는 흑연의 값이다.
- 승화하는 물질은 실온에서 승화한다.
- P의 밀도는 황인(P_4)의 값이다.
- 밀도의 오른쪽 위 숫자는 측정 온도이며 제시하지 않는 물질은 실온 또는 20℃다.

			₅B	₆C	₇N	₈O	₉F	₁₀Ne	
			붕소	탄소	질소	산소	플루오린	네온	2
			10.81	12.01	14.01	16.00	19.00	20.18	
			2.34	2.26	1.2506	1.429⁰	1.696⁰	0.8999⁰	

			₁₃Al	₁₄Si	₁₅P	₁₆S	₁₇Cl	₁₈Ar	
			알루미늄	규소	인	황	염소	아르곤	3
			26.98	28.09	30.97	32.07	35.45	39.95	
			2.699	2.330	1.82	2.07(α)	3.214⁰	1.784⁰	

₂₈Ni	₂₉Cu	₃₀Zn	₃₁Ga	₃₂Ge	₃₃As	₃₄Se	₃₅Br	₃₆Kr	
니켈	구리	아연	갈륨	저마늄	비소	셀레늄	브로민	크립톤	4
58.69	63.55	65.41	69.72	72.64	74.92	78.96	79.90	83.80	
8.902	8.96	7.134	5.907	5.323	5.78(灰色)	4.79	3.123	3.749⁰	

₄₆Pd	₄₇Ag	₄₈Cd	₄₉In	₅₀Sn	₅₁Sb	₅₂Te	₅₃I	₅₄Xe	
팔라듐	은	카드뮴	인듐	주석	안티모니	텔루륨	아이오딘	제논	5
106.4	107.9	112.4	114.8	118.7	121.8	127.6	126.9	131.3	
12.02	10.500	8.65	7.31	7.31(β)	6.691	6.24	4.93	5.897⁰	

₇₈Pt	₇₉Au	₈₀Hg	₈₁Tl	₈₂Pb	₈₃Bi	₈₄Po	₈₅At	₈₆Rn	
백금	금	수은	탈륨	납	비스무트	폴로늄	아스타틴	라돈	6
195.1	197.0	200.6	204.4	207.2	209.0	(210)	(210)	(222)	
21.45	19.32	13.55	11.85	11.35	9.747	9.32	–	9.73⁰	

₁₁₀Ds	₁₁₁Rg	₁₁₂Cn	₁₁₃Nh	₁₁₄Fl	₁₁₅Mc	₁₁₆Lv	₁₁₇Ts	₁₁₈Og	
다름슈타튬	뢴트게늄	코페르니슘	니호늄	플레로븀	모스코븀	리버모륨	테네신	오가네손	7
(269)	(272)	–	–	–	–	–	–	–	
–	–	–	–	–	–	–	–	–	

₆₃Eu	₆₄Gd	₆₅Tb	₆₆Dy	₆₇Ho	₆₈Er	₆₉Tm	₇₀Yb	₇₁Lu
유로퓸	가돌리늄	터븀	디스프로슘	홀뮴	어븀	툴륨	이터븀	루테튬
152.0	157.3	158.9	162.5	164.9	167.3	168.9	173.0	175.0
5.243	7.90	8.229	8.55	8.795	9.066	9.321	6.965	9.84

₉₅Am	₉₆Cm	₉₇Bk	₉₈Cf	₉₉Es	₁₀₀Fm	₁₀₁Md	₁₀₂No	₁₀₃Lr
아메리슘	퀴륨	버클륨	캘리포늄	아인슈타이늄	페르뮴	멘델레븀	노벨륨	로렌슘
(243)	(247)	(247)	(252)	(252)	(257)	(258)	(259)	(262)
13.67	13.3	14.79	–	–	–	–	–	–

지구에 존재하는 원소 중에 금속은 몇 개인가요?
각 금속이 어떤 용도로 쓰이는지도 궁금해요.

 현재 지구에 존재한다고 알려진 원소는 총 118개고,
그중 89개의 원소가 금속이에요.

46~47쪽에서 제시한 주기율표에 있는 원소는 대부분 금속입니다. 수소 및 주기율표 오른쪽 위에 있는 금속이 아닌 원소, 즉 비금속은 금속에 비하면 그다지 많지 않죠.

우선 주기율표의 첫 번째 세로줄에 있는 1족 원소인 리튬(Li), 나트륨(Na), 칼륨(K), 루비듐(Rb), 세슘(Cs) 등을 알칼리 금속이라고 해요. 알칼리 금속은 공기 중에서 매우 불안정해 금방 산화된다는 특징이 있습니다.

리튬: 가볍고 작은 원소. 주로 리튬 전지에 쓰인다.
나트륨: 고속도로 터널에서 볼 수 있는 주황색 나트륨등에 쓰인다.
칼륨: 식물의 비료로 쓰이는 중요한 원소.
루비듐: 기체의 형태로 원자시계에 쓰인다.
세슘: 빛을 비추면 전자를 방출하는 광전효과가 뛰어나서 광센서에 쓰이며, 기체의 형태로 원자시계에 활용되기도 한다.

2족 원소인 마그네슘(Mg),[11] 칼슘(Ca), 스트론튬(Sr), 바륨(Ba) 등은 알칼리 토금속이라고 합니다.

마그네슘: 알루미늄을 혼합한 합금 상태로 컴퓨터 본체 케이스 제작에 쓰인다.
칼슘: 사람의 뼈를 구성하는 중요한 원소다.
스트론튬: 불꽃반응에서 빨간색 빛을 낸다.
바륨: 위 엑스레이를 촬영할 때 조영제로 쓰인다(황산 바륨 형태).

---

11 마그네슘을 알칼리 토금속에 포함시키지 않는 경우도 있다.

3족부터 11족 원소는 모두 전이 금속이라 부릅니다. 스칸듐(Sc), 타이타늄(Ti), 바나듐(V), 크로뮴(Cr), 망가니즈(Mn), 철(Fe), 코발트(Co), 니켈(Ni) 등 우리 생활에서 유용하게 쓰이는 금속들 대부분이 전이 금속에 속합니다. 주요 전이 금속의 특징을 살펴봅시다.

스칸듐: 아이오딘화 스칸듐은 자동차의 메탈할라이드 램프에 쓰인다.
타이타늄: 가볍고 강도가 세서 주로 안경 프레임에 쓰인다.
바나듐: 배기가스 처리를 위한 촉매로 쓰이며, 강철의 강도를 높이기 위해 혼합하기도 한다.
크로뮴: 크로뮴으로 금속 표면을 도금하면 쉽게 흠집이 생기지 않는다. 스테인리스강의 주요 재료.
망가니즈: 이산화망가니즈의 형태로 배터리에 쓰인다. 내식성과 내마모성이 있는 망가니즈강의 재료.
철: 건설, 기계, 자동차 분야에서 구조재로 쓰인다. 자기장 없이도 자성을 띠는 강자성이 있어 자성 재료로도 쓰인다. 사람의 혈액을 구성하는 주요 요소이기도 하다.
코발트: 하드디스크의 자기기억장치 재료로 쓰인다.
니켈: 니켈수소전지의 재료로 쓰인다.
지르코늄: 산화지르코늄은 반도체 집적회로의 고유전율 절연막[12]으로 이용된다.
나이오븀: 타이타늄이나 주석을 섞은 합금 상태로 초전도 전선에 쓰인다. 나이오븀산 리튬은 텔레비전의 고주파 필터로도 이용한다.
몰리브데넘: 크로뮴과 몰리브데넘을 혼합한 초경합금(크로뮴 몰리브데넘강)은 공구로 쓰인다.
루테늄: 화학 합성 시 촉매제로 쓰인다.
로듐: 배기가스 처리를 위한 중요한 촉매제로 쓰인다.
팔라듐: 보석이나 장신구로 쓰이는 귀금속이나 치과 치료용 합금 재료로 유용하게 쓰인다.
탄탈럼: 콘덴서의 중요 재료로 쓰인다.
텅스텐: 백열전구의 필라멘트에 쓰인다.
이리듐: 내열성이 뛰어나 도가니를 만들 때 쓰인다.
백금: 보석이나 장신구 외에도 도가니의 재료나 촉매제로 널리 쓰인다.

전이 금속 중 11족 원소인 구리(Cu), 은(Ag), 금(Au) 등은 **화폐** 금속이라 불리며, 동전의 재료로 유용하게 쓰입니다.

---

12 절연막은 전하를 모으는 한편 전하의 이동을 막는 역할을 한다. 고유전율(High-K)이란 같은 크기의 전압에 많은 전하 알갱이를 모으는 것. 즉 유전율이 높을수록 성능이 좋은 절연막이다. —옮긴이

구리: 전선이나 전극, 회로에 사용될 뿐만 아니라 청동이나 놋쇠, 백동을 만드는 합금용 소재로 쓰인다.
은: 보석이나 장신구 외에 식기나 전기배선, 사진에도 활용된다.
금: 보석이나 장신구, 화폐 외에 전자부품의 전극이나 배선의 재료로도 없어서는 안 될 물질이다. 금의 미세입자는 붉은 유리 제조에 쓰인다.

12족 원소인 아연(Zn), 카드뮴(Cd), 수은(Hg) 등은 **2B족 또는 아연족**이라고 합니다.[13]

아연: 철과 아연의 합금인 함석이 지붕의 재료로 쓰인다. 산화아연은 와이드 밴드갭 반도체[14]의 소재로 주목받고 있다.
카드뮴: 충전할 수 있는 니켈-카드뮴 전지의 원료로 쓰인다.
수은: 실온에서 액체로 존재하는 유일한 금속이다. 수은등이나 형광등의 방전용 기체로 쓰이며, 대전력용 정류기[15]로도 활용한다.

13족 원소인 붕소(B), 알루미늄(Al), 갈륨(Ga), 인듐(In) 등은 **3B족 또는 알루미늄족**이라고 부르는데, 여기서 붕소는 금속이 아니고 반도체로 분류되니 다루지 않겠습니다.

알루미늄: 송전선, 동전, 알루미늄 포일, 캔, 냄비, 창틀, 열차 등 다양한 용도로 쓰인다. 알루미늄 합금은 항공기 소재로도 쓰인다.
갈륨: 발광 다이오드의 주요 원료로 쓰인다.
인듐: 액정 디스플레이를 구동하는 투명 전극의 주요 재료인 ITO(인듐 주석 산화물)에 쓰인다.

14족 원소인 탄소(C)는 비금속(다이아몬드 구조) 또는 반금속(흑연 구조)으로 간주되고, 규소(Si)와 저마늄(Ge)은 반도체(화학적 분류로는 반금속)이지만, 같은 줄에 있는 주석(Sn)과 납(Pb)은 금속으로 분류됩니다.

---

13 저자는 12족을 따로이 분류했으나, 일반적으로는 12족까지 전이 금속으로 분류한다. ─옮긴이
14 밴드갭(띠틈)이 클수록 부도체에 가까운 한편, 더 높은 주파수나 전압에서 더 낮은 전력 손실로 작동이 가능하다. 띠틈에 대한 설명은 87쪽 각주를 참고하기 바란다. ─옮긴이
15 교류를 직류로 바꾸는 장치. ─옮긴이

15족 원소인 질소(N)와 인(P)은 비금속이지만, 비소(As)와 안티모니(Sb)는 준금속, 비스무트(Bi)는 금속 혹은 반금속으로 여겨집니다.

그 밖에 주기율표 아래에 따로 분류된 란타넘족 원소와 악티늄족 원소도 금속입니다. 희토류(rare earth element)라고도 하는 란타넘족 원소 몇 가지를 살펴봅시다.

16족 원소인 산소(O), 황(S), 셀레늄(Se)은 비금속이지만 텔루륨(Te)은 반도체입니다. 한편 17족, 18족 원소는 전부 비금속입니다.

지금까지 살펴본 바와 같이, 우리가 사는 지구에 존재하는 원소는 대부분 금속입니다.

---

16 압전재료를 구동력원으로 하여 기계적인 운동을 발생시키는 액추에이터. 액추에이터란 기계를 동작시키는 구동 장치를 일컫는다. ─옮긴이

일본이 가진 의외의 자원

❶ 독립행정법인 물질·재료 연구기구 소속 원소 전략 클러스터의 하라다 고메이 팀장은 향후 고갈이 우려되는 금속 자원의 이용과 관련해서 일본 국내에 존재하는 재활용 가능 금속의 양을 산출해 보았습니다. 그 결과 일본 국내에 존재하는 재활용 가능 자원의 양은 세계 유수 자원국의 보유량에 필적할 규모라는 사실이 밝혀졌습니다. 실로 '도시광산'이라 불릴 만합니다.

❷ 계산에 따르면 일본에는 재활용할 수 있는 금이 6,800톤이나 존재했으며, 이는 산출 당시 전 세계 매장량인 4만 2,000톤의 16%에 달하는 양입니다. 한편 은은 6만 톤으로 전 세계 매장량의 22%에 달했으며, 인듐은 61%, 주석은 11%, 탄탈럼은 10% 수준이었습니다. 일본에는 전 세계 매장량의 10% 이상에 달하는 금속이 다수 존재하고 있었던 것입니다. 그 밖에도 국가별 매장량이나 보유량으로 비교했을 때 백금과 같이 상위 5위 안에 들어가는 금속도 다수 존재했습니다.

도시광산: 자원을 품고 있는 최첨단 기기

매년 많은 양의 가전제품과
정보통신기기가 폐기됩니다.

분해하여 전자 제어 부분을 분
리한 다음, 공장에서 처리 과정
을 거치면 희소 금속을 얻을 수
있습니다!

폐기 핸드폰에는 생각보다 많은 양의 희소 금속이 들어 있습니다. 물론 인
력을 투입해야 하지만, 잘 분해해서 전자 제어 부분을 분리하면 폐기 핸드
폰 1톤당 금(Au) 1,430g, 은(Ag) 5,700g, 팔라듐(Pd) 430g, 구리(Cu)는 무
려 310kg를 얻을 수 있습니다. 광산에서 금광석 1톤을 채굴해서 얻는 금
의 양이 고작 2~5g 정도라는 걸 생각하면 도시광산은 그야말로 보물섬인
셈이죠. 그 밖에도 가정에서 사용하는 정보통신기기에는 인듐(In)과 크로뮴
(Cr), 니켈(Ni), 디스프로슘(Dy)과 같은 중요 금속들도 들어 있습니다. 폐기물
에서 금속을 효율적으로 회수할 수 있다면 환경 문제와 자원 문제를 동시에
해결할 수 있겠습니다.

철은 어떻게 만들어지나요?

 철이 들어 있는 광석을 녹여서 철을 분리, 추출해요.
이 과정을 제련(製鍊)이라고 한답니다.

철은 철광석 속에 들어 있습니다. 철광석의 주요 성분은 적철석(Fe_2O_3), 자철석(Fe_3O_4), 갈철석($Fe_2O_3 \cdot nH_2O$)과 같은 산화철입니다. 다시 말해 철과 산소의 화합물 형태입니다. 그 밖에 암석의 성분인 산화규소와 철이 아닌 다른 산화물도 포함되어 있고요.

화학식을 보면 알겠지만, 철광석에서 철을 추출하려면 산소를 제거해야 합니다. 이 과정을 화학적으로는 철광석을 환원시켜 철을 제조한다고 표현합니다.

우리가 잘 아는 제철소가 바로 용광로를 이용해 철을 환원하는 곳입니다. 고로(高爐)라는 높은 용광로 꼭대기에서 원료인 철광석, 코크스(석탄), 석회석을 집어넣고 아래에서는 고온의 가스를 공급합니다. 이 가스에 의해 코크스가 연소되고 아래로 떨어지는 철광석과 반응을 일으킵니다. 코크스의 탄소는 철광석의 산소와 결합해 일산화탄소가 되고, 철광석이 환원되어 철이 생성됩니다.

코크스가 연소되면서 용광로 안의 온도는 철의 녹는점인 약 1,500℃ 이상으로 상승하기 때문에 환원된 철은 녹아서 새빨간 용선(鎔銑, 액체 상태의 선철)[17]의 형태로 용광로 바닥에 고입니다.

이 철광석에는 산화규소, 금속 규산염, 그 밖의 금속산화물 등 용해 과정에서 생긴 찌꺼기들이 아직 섞여 있는데 이를 광재(鑛滓) 혹은 슬래그(slag)라고 불러요. 이 찌꺼기들을 제거하기 위해 석회석(탄산 칼슘)을 첨가합니다.

---

17 이 단계의 철에는 아직 탄소가 남아 있기에 선철이라고 부른다.

그다음 용광로 바닥을 열어서 녹은 선철을 꺼내고 혼선차를 이용해 액체 상태 그대로 전로(轉爐)로 옮깁니다. 전로에서 선철에 남은 탄소를 제거하고 필요에 따라 합금 성분을 추가한 뒤에 잘 저어서 성분을 균일하게 조절해 주면 우리가 아는 강철이 완성됩니다.

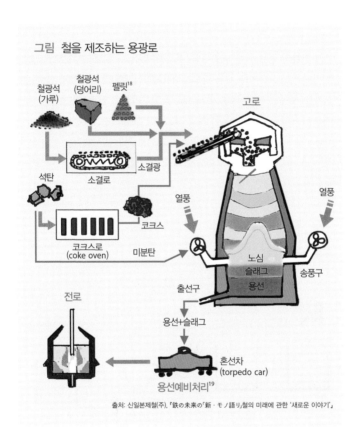

그림 철을 제조하는 용광로

출처: 신일본제철(주),「鉄の未来の「新・モノ語り」철의 미래에 관한 '새로운 이야기'」

---

18 철광석을 작고 둥글게 소성시켜 만든 철광석 알갱이. ―옮긴이
19 용선을 전로에서 취련하기 전 공정. 탈유황, 탈인 처리 등을 일컫는다. ―옮긴이

Q 알루미늄은 어떻게 만들어지나요?

 A 산화알루미늄을 전기분해해서 추출해요

알루미늄의 원료는 산화알루미늄이 들어 있는 광석 **보크사이트**(bauxite) 입니다. 다만 보크사이트에는 산화알루미늄만이 아니라 산화철과 산화규소 와 같은 불순물도 함께 섞여 있기 때문에 알루미늄을 얻으려면 불순물부터 제거해야 하죠. 그러려면 우선 가성소다(수산화나트륨)를 이용하는 **바이어 법**(Bayer's process)이라는 번거로운 화학 처리를 거쳐야 합니다.

먼저 **수산화알루미늄**만 추출한 다음 수산화알루미늄을 태워 **산화알루미 늄**(alumina)으로 만듭니다.

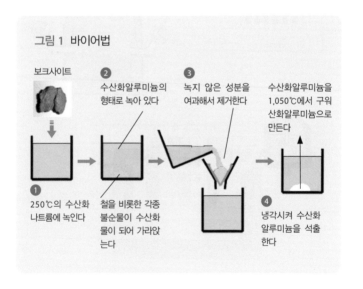

그림 1 **바이어법**

보크사이트

❷ 수산화알루미늄의 형태로 녹아 있다

❸ 녹지 않은 성분을 여과해서 제거한다

수산화알루미늄을 1,050℃에서 구워 산화알루미늄으로 만든다

❶ 250℃의 수산화 나트륨에 녹인다

철을 비롯한 각종 불순물이 수산화 물이 되어 가라앉 는다

❹ 냉각시켜 수산화 알루미늄을 석출 한다

그다음 홀-에루 공정(Hall-Heroult process)을 통해 산화알루미늄을 전기분해해서 알루미늄을 추출합니다. 먼저 빙정석(Na_3AlF_6)과 플루오린화 나트륨(NaF)을 1,000℃에서 녹입니다. 이 액체에 준비해 둔 산화알루미늄을 5% 정도 녹이고 탄소 전극을 이용하여 전기분해에 들어갑니다. 그냥 물에서는 산화알루미늄을 전기분해해도 산소만 발생할 뿐 알루미늄이 추출되지 않지만, 홀-에루 공정에서는 전기분해를 시행하면 탄소 전극의 음극 쪽에 알루미늄 결정이 생깁니다. 액체 속에서 고체가 생기는 이 현상을 **석출**(析出)이라고 하죠.

다만 산화알루미늄 1톤을 녹이거나 전기분해하려면 1만 5,000kWh의 전력이 필요합니다. 일반 가정에서 3년간 쓸 수 있는 엄청난 양이죠. 이렇게 많은 양의 전기가 필요하다 보니 일본에서는 알루미늄을 전기 통조림이라고 부를 정도입니다. 따라서 알루미늄은 소중히 사용하고, 필요가 없어져도 재활용해야 합니다. 알루미늄을 재활용할 때는 고온으로 녹일 필요도, 전기분해를 할 필요도 없습니다. 보크사이트에서 같은 양의 알루미늄을 뽑을 때 들어가는 에너지의 3%만 있으면 충분해요.

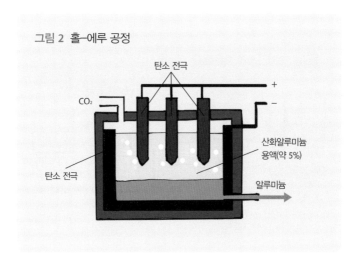

그림 2 홀-에루 공정

Q 금속은 왜 전기가 통하나요?

 A 금속에는 다수의 자유전자가 있어서 전기를 운반하기 때문이에요.

44쪽에서 잠시 언급했지만, 금속이 전기 전도성을 띠는 이유는 자유전자 때문입니다. 그렇다면 자유전자란 도대체 무엇일까요?

자유로운 전자가 있다면 반대로 자유롭지 않은 전자도 있다는 말입니다. 이 전자를 속박전자(bound electron)라고 합니다. 원자 안에 있는 전자(음전하)는 그림 1의 ⓐ와 같이 **쿨롱의 힘**에 의해 원자핵(양전하) 쪽으로 당겨져 그 주변을 돌고 있으며, 외부에서 에너지가 공급되지 않는 한 원자가 이 속박에서 벗어나 밖으로 튀어 나가는 일은 발생하지 않습니다. 즉 원자 내부에 있는 전자는 원래 속박전자입니다.

다만 양자역학에 따르면 실제 전자는 ⓐ처럼 단순한 형태라기보다 ⓑ와 같이 구름처럼 넓게 퍼져 원자핵 주변을 감싸고 있는 형태라고 합니

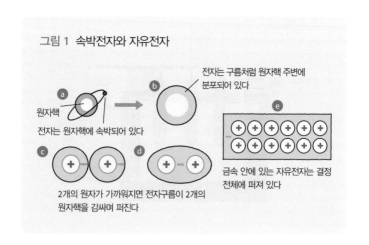

그림 1 속박전자와 자유전자

전자는 구름처럼 원자핵 주변에 분포되어 있다

원자핵
전자는 원자핵에 속박되어 있다

2개의 원자가 가까워지면 전자구름이 2개의 원자핵을 감싸며 퍼진다

금속 안에 있는 자유전자는 결정 전체에 퍼져 있다

다.[20] 이 상태에서 원자 2개가 모여 ⓒ를 거쳐 ⓓ의 형태가 되면 전자의 영역은 옆에 있는 원자의 주변까지 확대되겠죠.

금속은 ⓔ와 같이 다수의 원자가 가까이 붙어 규칙적으로 배열되어 있기 때문에 전자의 영역이 옆에 있는 원자, 또 그 옆에 있는 원자까지 확대됩니다. 따라서 음전하는 원래의 위치에서 점차 멀어지고, 멀어질수록 원자핵이 가진 쿨롱의 힘이 약해져서 전자를 구속하던 속박력도 약해집니다. 속박력이 약해진 전자는 더 널리 퍼져서 결국 결정 전체로 나아갈 수 있게 됩니다.

금속 안에 있는 원자핵은 전자의 바다 속에서 규칙적인 간격을 유지한 채 떠 있는 상태이며, 이 상태를 **금속결합**이라고 합니다. 따라서 금속 안에는 자유롭게 돌아다닐 수 있는 전자가 가득합니다. 예를 들어 나트륨은 원자가 전자(valence electron)[21]가 1개뿐인 단순한 금속이지만, 안에는 $1cm^3$당 2.5×10^{22}개나 되는 전자가 들어 있습니다. 이 전자들을 자유전자라고 부릅니다.

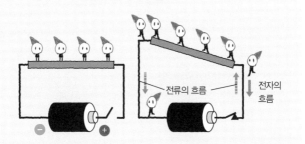

그림 2 배터리 속 전류와 전자의 흐름

전류의 흐름

전자의 흐름

금속의 양 끝에 배터리를 연결하면 전자는 음극에서 나와 금속으로 들어가고, 양극으로 이동해 전지에 도달한다. 이때 음전하를 가진 전자가 움직이는 반대 방향으로 전류가 흐른다. 즉 전자는 전기를 옮기는 작용을 한다.

---

20 이를 전자 구름이라고 한다. 전자는 정해진 궤도를 도는 것이 아니라 아주 빠른 속도로 핵 주변을 돌아다니고 있다. 이때 알 수 있는 것은 어떤 장소에 전자가 존재하는 확률의 크기뿐이며, 이를 구름의 형태로 형상화할 수 있다. ─옮긴이
21 원자의 가장 바깥껍질에 있는 전자로, 분자 간 결합에 관여하거나 물질 응집에 영향을 끼친다. 금속에서는 자유전자에 해당한다. ─옮긴이

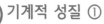

기계적 성질 ①

금속이 얼마나 단단한지(굳기)는 어떻게 측정하나요?

단단한 물체로 해당 금속을 눌러서 변형이 생기는 정도를 측정하거나, 물체를 충돌시켰을 때 튀어 나가는 반발의 정도를 측정해요. 또는 기준이 되는 물체로 긁어서 흠집이 생기는지 여부를 따지기도 합니다.

금속재료 핸드북에 첨부된 표를 보면 순수 금속원소의 녹는점, 밀도, 탄성률은 나와 있습니다. 하지만 단단한 정도를 나타내는 굳기 항목은 없습니다. 굳기는 원소 고유의 물리량이 아니기 때문이죠. 굳기는 질량, 온도, 밀도와 같은 물리량과는 달리 측정 방법에 따라서 값이 크게 달라집니다. 각각의 측정 방법은 측정 대상의 종류나 수치 기준이 다 다르기 때문이죠.

금속의 굳기는 일반적으로 다이아몬드나 경질 금속으로 제작한 피라미드형 각뿔, 또는 구슬로 대상 재료를 눌렀을 때 **오목하게 패인 부분(압흔)**의 면적과 부하 하중의 관계를 통해 계산합니다. 이때 이용하는 경도 측정법에는 비커스 굳기(HV), **로크웰 굳기(HRc)**, 브리넬 굳기(HB) 외에도 다양한 방법이 있습니다.

61쪽 그림을 보며 비커스 굳기 시험법을 살펴봅시다. 먼저 다이아몬드로 만든 정사각뿔(꼭지각 136°) 모양의 누르개(압자)에 시험 하중을 걸고 측정하고자 하는 금속의 표면에 박히도록 누릅니다. 누르개를 제거했을 때 생긴 피라미드 형태의 오목한 자국을 '영구 압흔'이라고 하고, 이때의 **시험 하중을 영구 압흔의 표면적(대각선 길이로 계산)으로 나눈 값이 비커스 굳기**입니다.

한편 로크웰 굳기를 측정할 때는 다이아몬드나 강철 구슬로 만든 누르개를 이용하고, 기준 하중에서 시작해 시험 하중까지 늘렸다가 최초의 기준 하중으로 되돌립니다. 처음과 끝에 걸었던 기준 하중에서 시험 하중 때문에 누르개로 인해 패인 부분의 깊이 차이로 나타내요.

브리넬 굳기는 금속 구슬을 누르개로 사용합니다. 누르개를 시험할 금속에 일정한 힘으로 일정 시간 눌렀다가 하중을 제거했을 때 남은 영구 압흔의 면적을 측정하죠.

지금까지의 방법들은 모두 시료에 영구적인 변형, 즉 소성변형을 일으켜서 측정하는 파괴 시험입니다.

그래서 이와 달리 원래대로 돌아오는 변형, 즉 탄성변형을 이용해서 굳기를 측정하는 방법도 있습니다. 대표적으로 **쇼어 경도(HS)** 시험법은 재료의 탄성적 반발 정도를 이용해 굳기를 나타냅니다. 일정 높이에서 시료를 향해 해머를 떨어뜨린 후 튀어 오르는 높이를 측정하는 방식입니다.

이처럼 경도는 다양한 방법으로 측정할 수 있고, 각 측정값을 정리해 놓은 경도 환산표가 있어서 서로 비교도 할 수 있어요.

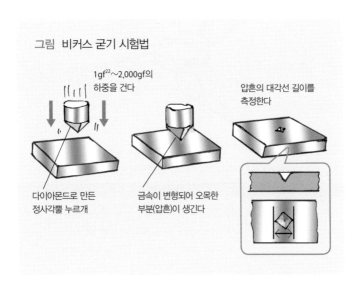

그림 비커스 굳기 시험법

$1gf^{22} \sim 2,000gf$의
하중을 건다

압흔의 대각선 길이를
측정한다

다이아몬드로 만든
정사각뿔 누르개

금속이 변형되어 오목한
부분(압흔)이 생긴다

---

22 gf란 1g의 질량이 중력(force)에 의해 받는 힘을 뜻한다. 즉 무게다. 일상생활에서 쓰는 1g이라는 단위는 사실 1gf이며 f를 생략하고 1g이라 쓴다고 이해하면 된다. —옮긴이

그 밖에 오래전부터 사용해 온 굳기 단위로 모스 굳기(HM)가 있습니다. 열 가지의 표준 광석을 사용해서 '특정 표준 광석으로 긁었을 때 흠집이 생기는지'를 보고 굳기를 판정하는 방법이죠. 아래의 표에 모스 굳기에 사용하는 표준 광석과 스클레로미터(sclerometer, 다이아몬드로 흠집을 내서 측정) 수치, 비커스 굳기로 환산한 값이 나와 있으니 참고하면 됩니다. 한편 최근에는 공업 분야에서 흔히 이용되는 물질을 추가해 15단계로 수정한 '신 모스 굳기'도 사용되곤 해요. 굳기 6 이하는 이전과 동일합니다.

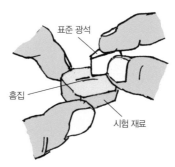

모스 굳기 시험법

표 **모스 굳기**

모스 굳기	표준 광석	스클레로미터	비커스 굳기
1	활석(Talc)	1	-
2	석고(Gypsum)	3	-
3	방해석(Calcite)	9	100
4	형석(Fluorite)	21	160
5	인회석(Apatite)	48	400
6	정장석(Orthoclase Feldspar)	72	600
7	석영(Quarz)	100	780
8	황옥(Topaz)	200	1250
9	강옥(Corundum)	400	1900
10	금강석(Diamond)	1600	9000

※ 후지제작소 홈페이지에 게시된 경도 근사치 환산표에 따름(구 모스 굳기 기준)
https://www.fujimfg.co.jp/service/benricho/katasa/

기계적 성질 ②

Q 어떤 금속이 가장 부드럽고, 어떤 금속이 가장 단단한지 궁금해요.

A 주로 알칼리 금속이 부드럽고 전이 금속은 단단하다고 하지만, 가공 과정을 거치면 굳기가 변하기 때문에 가장 부드럽거나 가장 단단한 금속이 무엇이라고 단정할 수는 없어요.

다음 표는 다양한 금속의 모스 굳기입니다. 알칼리 금속인 리튬, 나트륨, 칼륨, 루비듐은 부드러운 편입니다. 그다음으로 부드러운 금속은 금, 은, 구리, 알루미늄이죠. 전이 금속인 크로뮴, 루테늄, 망가니즈, 철, 백금은 상대적으로 단단합니다.

하지만 같은 철이라도 약간의 탄소를 첨가해서 열처리를 하면 강철이 되고, 이렇게 만든 강철의 모스 굳기는 5~8.5나 됩니다!

또한 결정을 구성하는 원자 면이 얼마나 잘 미끄러지는지도 금속의 굳기를 결정하는 요인 중 하나입니다. 일반적으로 원자 배열이 어긋나 결합(전위)이 생기면 원자 면이 미끄러지며 변위가 생기고 그만큼 굳기가 약해져요. 대장장이가 뜨거운 철을 망치로 두드리는 이유도 여기에 있습니다. 철

표 **금속의 모스 굳기**

금속	기호	모스 굳기	금속	기호	모스 굳기
크로뮴	Cr	9	비스무트	Bi	2.5
이리듐	Ir	6~6.5	아연	Zn	2.5
루테늄	Ru	6.5	금	Au	2.5~3.0
망가니즈	Mn	5.0	알루미늄	Al	2~2.9
철	Fe	4~5	마그네슘	Mg	2.0
팔라듐	Pd	4.8	카드뮴	Cd	2.0
백금	Pt	4.3	인듐	In	1.2
비소	As	3.5	리튬	Li	0.6
안티모니	Sb	3.0~3.3	칼륨	K	0.5
은	Ag	2.5~4	나트륨	Na	0.4
구리	Cu	2.5~3	루비듐	Rb	0.3

을 두드리면 전위 밀도가 증가해 결함들이 서로 얽히게 되고, 그러면 더 이상 전위가 진행되지 않아 단단해져요.

일본도의 과학

일본도는 부드러운 심철(心鐵)을 단단한 피철(皮鐵)로 감싼 이중구조로 되어 있습니다. 먼저 피철의 소재인 강철을 화로에 넣어 가열한 다음 두드리면서 늘여 길게 만듭니다. 이렇게 늘어난 피철을 반으로 접어 다시 두드리는 작업(단련)을 20~30회 반복합니다. 이 작업을 통해 단단하고 휘지 않는 피철이 만들어집니다. 그다음, 저탄소 강철을 여러 번 접어가며 두드려서 형태를 만든(이를 단조라고 합니다) 심철을 피철 위에 올리고 중심부를 두드려서 감싸 줍니다. 그리고 다시 좌우를 두드려 접습니다. 이와 같은 방법으로 이중구조를 갖춘 일본도는 강하면서도 동시에 유연한 특징을 가집니다.

심철

피철

일본도를 만드는 대장장이는 경험을 통해 과학 지식을 몸에 익힌 완벽한 이과형 인간이랍니다.

기계적 성질 ③

Q 구부릴 수 있는 금속도 있지만, 구부러지지 않는 금속도 있어요. 왜 이런 차이가 나나요?

A 일반적으로 부드러운 금속은 잘 구부러지고 단단한 금속은 구부러지지 않아요.

다음 그래프는 응력-변형률 선도입니다. 금속에 하중을 주며 당겼을 때 **하중의 크기와 늘어나는 양의 관계**를 말합니다.

하중이 낮을 때는 하중을 제거하면 물체가 원래의 길이로 돌아옵니다. P 지점까지는 하중에 비례해서 길이가 늘어나는데, P 지점을 지나면 늘어나는 길이가 더 이상 하중에 비례하지 않습니다. 다만 E 지점까지는 하중을 제거하면 원래의 길이로 돌아오기는 합니다. 여기서 더 하중을 늘려서 **항복점인 Y_1 지점**에 도달하면 이때부터는 하중을 늘리지 않아도 길이가 늘어납니다. Y 구간을 넘어가면 물체가 원래대로 돌아가지 않고, 그 뒤로 계속 당

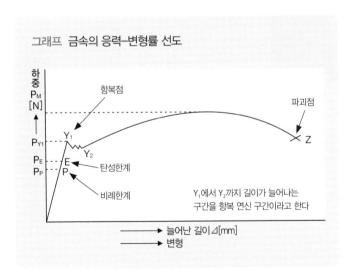

그래프 금속의 응력-변형률 선도

Y_1에서 Y_2까지 길이가 늘어나는 구간을 항복 연신 구간이라고 한다

겨서 Z 지점에 도달하면 마침내 파괴됩니다. 이와 같은 변형을 **소성변형**이
라고 합니다.

잘 구부러진다는 말은, 힘을 주어서 구부린 후에 힘을 빼도 원래대로 돌
아오지 않는 상태를 의미하므로 항복점이 낮은 금속일수록 소성변형이 잘
일어나 구부리기 쉽습니다.

실제 물질의 항복점을 정리해 놓은 표를 볼까요? 순철(99.96% Fe)의
항복점은 98MPa(메가파스칼)이며, 순알루미늄(99.85% Al)의 항복점은
15MPa입니다. 철을 구부릴 때 필요한 힘의 6분의 1만 쓰면 알루미늄을 구
부릴 수 있다는 뜻이에요.

또한 같은 철이라도 약간의 탄소를 첨가해 담금질한 강철 SS400의 항복
점은 순철의 2.5배인 240MPa로 증가하고, 그보다 더 오래 담금질하여 만든
강철 S45C의 항복점은 8배 이상인 826MPa까지 늘어납니다.[23] 이처럼 구부
리기 쉬운 정도는 금속의 제작 방식에 따라서도 달라져요.

표 금속의 항복점

물질	공업용 알루미늄 (Al,99.85)	공업용 순철 (99.96Fe)	강철 SS400	강철 S45C
항복점 응력	15MPa	98MPa	240MPa	826MPa

23 SS400에서 SS는 주로 구조물용이라는 뜻의 structural steel의 머리글자, 400은 인장강도를 나타낸다. 한편 S45C의 SC
는 Steel Carbon의 줄임말이며, 45는 탄소 0.45%가 들어 있음을 의미한다. ─옮긴이

그림 1 다리 기둥과 기둥 사이를 연결하는 보를 만드는 강철

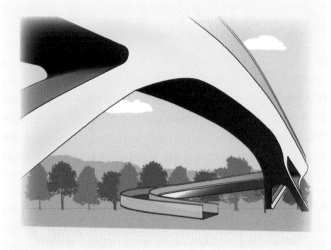

강철 SS400로 만든 교량

변형에 강한 강철은 건축물이나 기계 부품에 사용된답니다.

그림 2 기계 제작에 쓰이는 강철

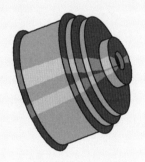

강철 S45C로 만든 도르래

왜 온도를 높이면 구부러진 금속이 원래대로 돌아오지
않나요?

 온도가 높아지면 원자의 움직임이 활발해져서 소성변
형이 쉽게 일어나기 때문이에요

금속 결정의 원자는 69쪽 그림의 ⓐ와 같이 격자점에 속박되어 있습니다. 책 지면에 수직으로 같은 원자 배열을 유지하고 있다고 생각하고 읽어나가 주세요. 이 상태의 원자에 ⓑ의 파란 화살표 방향으로 약한 힘이 가해지면 원자 배열에 변형이 발생합니다. 다만 힘을 제거하면 ⓐ 상태로 되돌아오죠. 이와 같은 변형을 **탄성변형**이라고 합니다.

이제 ⓒ를 보세요. 탄성변형을 넘어서는 힘이 가해지면 ⊢ 기호가 있는 위치에서 원자 배열이 끊어지고, 격자가 어긋나는 **전위(결함)**가 발생합니다. 지면에 수직으로 같은 원자 배열이 형성되어 있다고 가정했으니까 ⊢ 점도 지면에 수직으로 존재하겠죠. 이 경계선을 전위선이라고 합니다. ⊢ 점의 오른쪽에 원자면 1장이 삽입된 듯한 모양이라는 점에서 **칼날 전위** (edge dislocation)라고 부릅니다.

여기에 힘을 더 가하면 빨간색 테두리로 둘러싸인 격자 열(실제로는 지면의 아래쪽으로도 원자 열이 있으니 격자 면)이 아래쪽으로 미끄러지고, ⓓ와 같이 원래대로 돌아가지 않는 변형, 즉 **소성변형**이 생깁니다.

이처럼 소성변형이 일어나려면 원자가 격자점 사이를 이동해야 하고, 그러려면 격자점에 속박된 원자를 해방시킬 만큼의 에너지가 필요합니다. 이때 온도를 높이면 원자가 열을 받아 진동하기 때문에 적은 에너지로도 이동이 가능해지고 그만큼 소성변형이 쉽게 일어납니다. '철은 뜨거울 때 쳐야 한다'라는 말이 나온 이유가 여기에 있어요.

그림 전위를 통한 소성변형의 원리

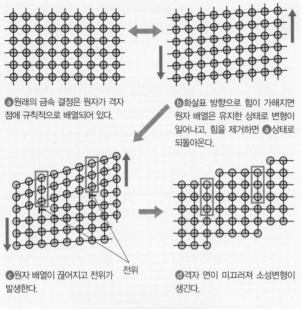

ⓐ 원래의 금속 결정은 원자가 격자점에 규칙적으로 배열되어 있다.

ⓑ 화살표 방향으로 힘이 가해지면 원자 배열은 유지한 상태로 변형이 일어나고, 힘을 제거하면 ⓐ 상태로 되돌아온다.

ⓒ 원자 배열이 끊어지고 전위가 발생한다.

전위

ⓓ 격자 면이 미끄러져 소성변형이 생긴다.

철은 뜨거울 때 쳐야 한다!

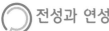

Q 지름 1cm의 금 구슬을 두드려서 얇게 펴면 얼마나 넓게 펼 수 있나요? 잡아당기면 얼마나 늘일 수 있어요?

A 지름 1cm의 금 구슬을 두드리면 큰 카펫 크기만큼 넓게 펼 수 있고, 잡아당기면 도쿄에서 요코하마까지 늘일 수 있어요

금을 금박 제조 기계로 두드리면 0.1μm(마이크로미터) 두께로 얇게 펼 수 있습니다. 금의 밀도는 19.3g/cm³이므로 금 1g의 체적은 0.05181cm³라는 계산이 나오네요. 이 값을 두께(높이) 0.1μm(=0.00001cm)로 나누면 면적은 5.181cm²가 됩니다. 따라서 지름 1cm의 금 구슬(약 10g)은 대략 50m²까지 넓힐 수 있다는 계산이 나옵니다. 큰 카펫 크기만큼 넓힐 수 있다는 말이죠.

또한 금을 기계로 잡아 최대한 늘이면 지름 5μm의 얇은 선으로 만들 수 있어요. 이 선의 단면적은 1억 분의 19.6cm²이므로, 금 1g의 체적 0.05181cm³를 이 단면적으로 나누면 길이는 2.64km가 되네요. 따라서 지름 1cm의 금 구슬(약 10g)을 대략 도쿄에서 요코하마까지[24] 늘일 수 있다는 계산이 나옵니다.

금을 적당한 크기로 자른 후, 금박지를 만드는 전용 종이 사이에 끼우고 기계로 두드려서 넓게 펼쳐 금박을 만든다.

---

24 26.4.km 가량이므로, 서울시청에서 부천시청까지의 거리와 비슷하다. −옮긴이

세라믹은 두드리면 조각조각 깨지는데 금은 왜 두드려도 깨지지 않고 넓게 펴지나요?

 원자와 원자를 연결하는 방식이 서로 다르기 때문이에요

세라믹[25] 원자를 서로 이어 주는 힘은 **공유결합** 혹은 **이온결합**입니다. 공유결합은 각 원자가 서로 방출한 전자를 특정 방향으로 공유함으로써 생기는 결합이며, 이온결합은 양전하를 가진 이온과 음전하를 가진 이온의 결합입니다. 두 결합 모두 충격을 받아 결합이 끊어지면 쉽게 회복하지 못하고 그대로 깨져 버리는 특징이 있어요.[26]

한편 금속의 원자를 이어 주는 힘은 금속결합입니다. 다시 말해 금속은 자유전자를 매개로 원자가 결합하고, 이런 결합은 방향성이 없습니다. 따라서 충격을 받아 원자핵의 위치가 어긋나도 결합을 유지할 수 있어요.

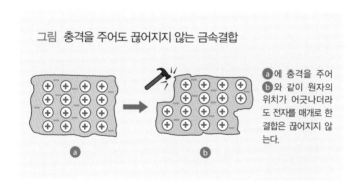

그림 충격을 주어도 끊어지지 않는 금속결합

ⓐ에 충격을 주어 ⓑ와 같이 원자의 위치가 어긋나더라도 전자를 매개로 한 결합은 끊어지지 않는다.

---

25 금속과 비금속 혹은 준금속들이 열처리 후 냉각되어 고체가 된 재료를 통틀어 일컫는 말이다. ─옮긴이

26 세라믹이 쉽게 깨지는 원인은 결합 방식에만 있지 않다. 세라믹의 결정립(재료에서 불규칙한 형상의 집합으로 되어 있는 결정 입자)과 결정입계(결정립의 경계)는 금속보다 잘 깨지기 쉬운 구조다.

열전도

 금속은 열에 닿으면 왜 금방 전체가 뜨거워지나요?

 금속 내부의 자유전자가 열을 옮기기 때문이에요

금속 막대가 있다고 합시다. 막대의 한쪽 끝을 고온 상태에 두고 다른 한쪽 끝은 저온 상태에 두면 열은 고온에서 저온으로 이동하겠죠. 이 현상을 열전도라고 하며, **열전도율** k는 1m를 통과할 때 한쪽에서 다른 쪽으로 1초당 전달되는 에너지의 양을 의미합니다.

열전도에는 두 가지 형태가 있습니다. 하나는 물질을 구성하는 원자와 분자를 진동시켜 진동이 물결처럼 전달되는 형태입니다. 진동을 이용해 열을 전달하는 대표적인 물질이 바로 다이아몬드입니다. 다이아몬드는 현재 존재하는 물질 중에서 가장 열을 잘 전달하는 물질로 알려져 있어요.

다른 하나는 자유전자가 열을 받아 움직이는 형태입니다. 자유전자가 고에너지 상태가 되어 운동 에너지를 얻으면 온도가 낮은 쪽으로 흘러가고 이로 인해 열이 전달됩니다. 일반적으로 금속 내부에서는 자유전자에 의한 열전도와 원자의 진동에 의한 열전도가 모두 일어나는데, 다이아몬드와 같은 절연체는 자유전자가 존재하지 않기 때문에 원자의 진동을 이용한 열전도만 일어납니다.

표 다양한 물질의 열전도율(20℃에서 측정)

물질	열전도율 k(W/mK)
다이아몬드	900~2000
은	427
구리	398
금	315
알루미늄	237
베릴륨	200
철	80
백금	71
납	35

그림 열전도의 원리

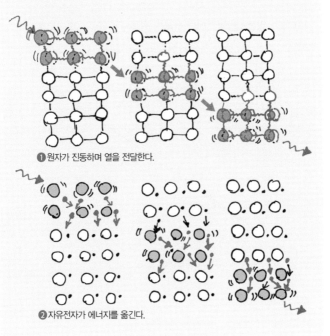

❶ 원자가 진동하며 열을 전달한다.

❷ 자유전자가 에너지를 옮긴다.

어떤 금속이 열이 잘 통하나요?

 은이나 구리처럼 전기가 잘 통하는 금속이 열도 잘 전달해요.

금속 내부에서 열을 전달하는 일은 자유전자가 담당합니다. 그러니 전기가 잘 통하는 금속일수록 열도 잘 전달돼요.

다음 그래프는 다양한 금속들의 열전도율과 전기전도율의 상관관계를 보여 줍니다. 화폐 금속인 은, 구리, 금은 전기가 잘 통하는 만큼 열도 잘 전달돼요.

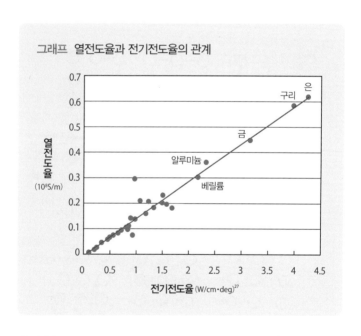

그래프 열전도율과 전기전도율의 관계

___

27 W/cm · deg에서 cm는 센티미터, deg는 온도(degree)를 말한다. —옮긴이

뜨거워져도 금방 식는 금속이 있지만, 잘 식지 않는 금
속도 있어요. 왜 그런가요?

 금속별로 비열이 다르기 때문이에요.

물질의 온도를 변화시키는 데 필요한 열량을 비열이라고 합니다. 금처럼 비열이 낮은 금속은 빨리 뜨거워졌다가 빨리 식지만, 반대로 철과 같이 비열이 높은 금속은 천천히 뜨거워지고 천천히 식어요.

단위질량(1kg)의 물질에 ΔQ[J]의 열량을 주었더니 ΔT[K] 만큼 온도가 상승했습니다. 이때 비열 C는 열량을 온도 상승분으로 나누어서 구할 수 있어요.

$$C = \frac{\Delta Q}{\Delta T}$$

예를 들어 금의 비열은 실온에서 128J/(kg · K)이고, 철의 비열은 448J/(kg · K)입니다. 금이 철보다 3.5배나 금방 뜨거워지고 금방 식는다는 의미죠.

사실 몰(mol)당 비열을 계산해 보면 금과 철 둘 다 약 25J/(mol · K)로 크게 차이가 나지 않지만, 철의 원자량이 55.845인데 반해 금의 원자량은 196.967로 4배나 큽니다. 이 때문에 두 금속의 비열도 그만큼 차이가 나는 겁니다.

또한 금속별로 온도를 변화시켰을 때 비열이 달라지는 정도도 좀 다릅니다. 330℃로 가열했을 때 금의 몰당 비열은 27J/(mol · K)입니다. 그다지 크게 변하지 않았습니다. 반면 철은 32J/(mol · K)로 꽤 크게 변합니다. 금의 자유전자가 철보다 더 활발히 움직이기 때문이죠.

열팽창

여름에 열기 때문에 철도 레일이 늘어나서 운행이
중지되는 것을 본 적이 있어요. 금속은 비금속보다
열팽창이 더 잘 일어나는 건가요?

무조건 금속이 비금속보다 열팽창이 잘되진 않습니다.

다음의 표에 다양한 물질의 선팽창률이 나와 있습니다. 왼쪽이 금속, 오른쪽이 비금속이며, 단위는 ppm/℃[28]입니다. 철의 선팽창률은 11.8ppm/℃ 입니다. 즉 온도가 1℃ 상승하면 100만 분의 11.8만큼 늘어난다는 뜻이죠. 그러니 1km의 레일은 온도가 1℃ 상승하면 100만 분의 11.8km, 즉 11.8mm 늘어납니다. 여름에 평소보다 기온이 20℃ 정도 상승하면 23.5cm나 늘어난다는 계산이 나오네요.

한편 1km 길이의 유리 막대는 온도가 20℃ 상승하면 16~18cm 정도나 늘어납니다. 그러니 무조건 금속이 열팽창을 더 잘 일으킨다고는 할 수 없습니다. 열팽창은 자유전자가 아니라 원자의 열진동으로 인해 발생하는 현상이기 때문에 금속이냐 비금속이냐가 크게 중요하지는 않습니다.

표 다양한 물질의 선팽창률(20℃에서 측정)

물질	선팽창률(ppm/℃)	물질	선팽창률(ppm/℃)
칼륨	85	염화 나트륨	40.4
알루미늄	30.2	플루오린화 칼슘	18
금	14.2	유리	8~9
철	11.8	실리콘	2.6
타이타늄	8.6	다이아몬드	1
크로뮴	4.9	용융석영	0.4~0.55

---

28 ppm은 10^{-6}, 즉 100만 분의 1을 뜻한다.

Q 반대로 온도가 올라가면 부피가 줄어드는 물질은 없나요?

 A 텅스텐산지르코늄이라는 물질이 있습니다.

텅스텐산지르코늄(ZrW_2O_8)은 온도가 1℃ 상승하면 100만 분의 9~11이나 줄어듭니다. 이런 특징 때문에 텅스텐산지르코늄은 온도 보상, 즉 광학부품의 열팽창을 상쇄시키는 데 이용됩니다.

한편 2005년에 온도가 올라가면 텅스텐산지르코늄보다 부피가 더 많이 줄어드는 새로운 물질도 발견됐습니다. 다음 그림에서 소개하는 역(逆) 페로브스카이트(perovskite) 구조의 질화망가니즈($Mn_3XN(X=Zn, Ga)$)가 그 주인공입니다. 일본의 이화학연구소는 질화망가니즈의 X 원자 일부를 저마늄(Ge)으로 치환하면 1℃당 수축하는 양을 100만 분의 3에서 100만 분의 25 범위로 조절할 수 있다는 사실을 밝혀냈습니다.

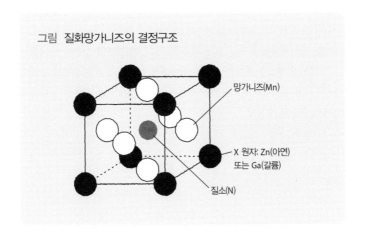

그림 질화망가니즈의 결정구조

망가니즈(Mn)

X 원자: Zn(아연) 또는 Ga(갈륨)

질소(N)

온도가 올라가도 팽창하지 않는 물질은 없나요?

 '인바'라는 합금은 열팽창을 거의 하지 않아요.

정밀광학기기와 같이 1,000분의 1mm 이하의 정밀도가 요구되는 계측 장비는 온도 변화 때문에 길이가 변하면 곤란합니다. 따라서 열팽창 계수가 매우 작은 금속이나 합금을 사용해 만듭니다. 인바(invar)는 이러한 목적을 위해 개발된 합금으로, 20~100℃에서 선팽창 계수가 1.2μ/℃[29]로 매우 작습니다. 코발트 함유량을 0.1% 이하로 낮춰 니켈과 철의 순도를 높이면 선팽창 계수가 0.62~0.65μ/℃로 더 낮아집니다.

니켈 36%와 철 64%를 섞은 합금인 인바는 1897년에 스위스의 과학자 샤를 기욤(Charles Edouard Guillaume)이 발명했으며, 이 발명을 계기로 기욤은 1920년에 노벨 물리학상을 받았습니다. 인바라는 명칭은 프랑스어로 불변을 의미하는 invariant에서 유래했습니다.

그림 1은 1922~1926년에 제작된 '인바 밸런스'라는 고급 회중시계의 내부입니다. 시계의 심장부라 할 수 있는 톱니바퀴 부분에 인바가 사용됐어요.

그림 2는 액화천연가스(LNG)의 파이프라인에 인바를 사용한 사례입니다. 원래는 열팽창을 완화하기 위해 파이프에 ㄷ자 모양의 여유분을 두어야 했지만, 인바를 사용하면 배관을 직선으로 만들 수 있으니 훨씬 원활하게 LNG를 수송할 수 있죠.

29　μ는 100만 분의 1을 나타내는 기호다.

그림 1 고급 시계에 사용된 인바

시계 제조사인 엘진(ELGIN)이
과거에 판매했던 인바 밸런스

그림 2 인바로 제작한 천연가스 배관의 장점

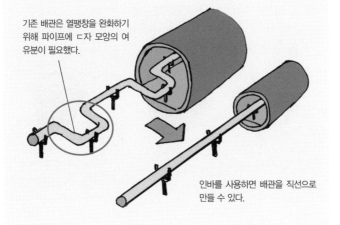

기존 배관은 열팽창을 완화하기
위해 파이프에 ㄷ자 모양의 여
유분이 필요했다.

인바를 사용하면 배관을 직선으로
만들 수 있다.

 금속의 산화

 Q 금속은 왜 녹이 스나요?

A 금속인 채로 존재하는 것보다 산화물이나 수산화물이 된 상태가 더 안정적이기에, 금속은 자꾸 공기 중의 산소와 수분에 반응해서 산화물과 수산화물을 만듭니다.

금속은 자연 상태서 대부분 금속 형태로 존재하지 않고, 일반적으로 **산화물**이나 **황화물**과 같은 화합물의 형태로 존재합니다. 산화물이나 황화물인 상태가 더 안정적이기 때문이죠. 그래서 금속을 공기 중에 그대로 방치하면 수분이나 산소와 반응을 일으켜 녹이 생깁니다.

예를 들어 철은 공기 중에 두면 녹이 슬어서 표면이 갈색이나 검은색으로 변한다. 이때 생기는 붉은 녹이 수산화제이철($Fe(OH)_3$) 또는 삼산화이철(Fe_2O_3)입니다. 한편 검은 녹의 주성분은 매우 안정적인 물질인 사산화삼철(Fe_3O_4)입니다. 사산화삼철로 보호 피막을 만들면 붉은 녹이 생기는 현상을 막을 수 있어서 **방청제**, 즉 녹을 방지하는 물질로 쓰이기도 합니다. 우리 생활에 도움이 되는 녹도 있네요.

그림 철에 생기는 녹의 종류

수산화
제이철

삼산화
이철

철 주전자가 검은색인
이유는 사산화삼철로
보호막을 씌웠기 때문
이다.

녹을 이용하면 손이 따뜻해진다?

철 가루가 녹이 슬면(산화하면) 반응열이 발생합니다. 이 열을 이용해 간편하게 몸을 데울 수 있는 상품이 일회용 핫팩입니다. 일회용 핫팩을 뜯어 보면 비닐팩 안에 고운 철 가루, 물을 머금은 흡수성 수지, 염분 가루, 활성탄이 들어 있는 부직포 주머니가 있습니다. 비닐팩을 뜯지 않으면 외부 공기와 접촉하지 않아서 철 가루가 녹슬지 않지만, 비닐팩을 뜯고 부직포 주머니를 흔들면 주머니 안에 있는 철 가루가 공기 중에 있는 산소 그리고 물과 접촉해 화학반응을 일으켜 빠르게 녹슬기 시작합니다. 이때 발생하는 반응열 때문에 핫팩이 따뜻해지는 거죠.

핫팩에 입자가 고운 철 가루를 사용하는 이유는, 체적 대비 표면적을 넓혀 화학반응을 촉진하면 더 빨리 뜨거워지기 때문입니다. 염분 가루를 넣는 이유도 마찬가지로 순수한 물보다 식염수가 철을 더 빨리 녹슬게 하기 때문이에요. 철 가루와 염분 가루 모두 산화 반응을 촉진합니다. 한편 활성탄은 반대의 작용을 하는데, 비닐팩의 공기를 모두 흡수함으로써 비닐팩 안에서는 산화 반응이 일어나지 않게 합니다. 활성탄은 핫팩이 공기와 접촉할 때 더 많은 공기를 끌어들이는 역할도 하죠.

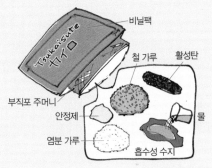

참고: 일본 박물관 협회 홈페이지

녹이 스는 금속과 녹이 슬지 않는 금속은 무슨 차이가 있나요?

 산화물을 만들 때 에너지가 필요한 금이나 백금은 실온에서 금속인 상태가 더 안정적이기에 녹이 슬지 않습니다. 한편 알루미늄과 타이타늄은 표면에 얇은 산화물층이 생기면 더 이상 산화가 일어나지 않아 녹슬지 않아요

금속은 대부분 물을 매개로 삼아 녹이 슬기 때문에 화학에서는 **이온화 경향**[30]에 근거해서 금속에 녹이 생기는 정도를 판단합니다. 금속을 이온화 경향이 큰 순서대로 나열하면 다음과 같습니다.

$$K>Ca>Na>Mg>Al>Zn>Fe>Ni>Sn>Pb>(H)>Cu>Hg>Ag>Pt>Au$$

이온화 경향이 작은 금(Au)과 백금(Pt)은 녹이 슬지 않습니다. 반면 이온화 경향이 큰 칼륨(K)과 칼슘(Ca)은 공기 중에 두면 바로 산화가 일어나기에 홑원소 금속 그대로 자연 상태에 보관할 수 없어요. 한편 이온화 경향이 중간 정도인 금속은 표면에서 산화가 일어나기는 하지만 내부까지 진행되지는 않는다고 보면 됩니다.

그 외에 홑원소 금속이 산화물을 생성할 때 필요한 에너지인 생성열을 이용해서 녹스는 정도를 판단하기도 합니다. 다음 83쪽 표를 봅시다. 금속의 생성열에는 대부분 음의 부호가 붙어 있는데 이는 산화하는 편이 더 안정적임을 의미합니다.

이론적으로 계산한 결과 금의 생성열은 양의 값입니다. 따라서 금은 홑원소 금속일 때가 산화물을 생성할 때보다 안정적이이므로 녹이 슬지 않는 거죠.

---

30 용액 속에서 전자를 잃고 양이온이 되려는 성질.

표 금속산화물의 생성열

금속	산화물	생성열 (kcal/mol)	금속	산화물	생성열 (kcal/mol)
금	Au_2O_5	+9	아연	ZnO	−348.0
은	Ag_2O	−30.6	망가니즈	MnO	−384.9
팔라듐	PdO	−85	바륨	BaO	−558.1
수은	HgO	−90.7	마그네슘	MgO	−601.8
구리	CuO	−155.2	칼슘	CaO	−635.5
코발트	CoO	−239.3	철	Fe_2O_3	−822.2
납	PbO	−276.6	크로뮴	Cr_2O_3	−1128.4
주석	SnO	−286.2	알루미늄	Al_2O_3	−1669.8

그림 철이 녹스는 과정

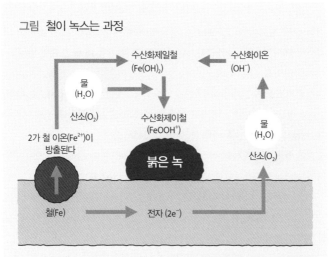

철이 물과 접촉하면 +2가 철 이온이 되고, 남은 2개의 전자가 물로 들어가 수산화이온(OH^-)을 생성한다. 수산화이온은 +2가 철 이온과 반응해서 수산화제일철이 되고, 물과 산소가 계속 수산화제일철과 반응하면 붉은 녹(수산화제이철)이 생긴다.

스테인리스

 Q 주방 싱크대에 사용하는 스테인리스도 철인데 왜 녹이 생기지 않는 건가요?

 A 스테인리스의 주성분은 철이 맞지만, 크로뮴을 섞은 합금이에요. 크로뮴이 녹이 슬지 않게 한답니다.

스테인리스의 정식 명칭은 스테인리스강(stainless steel)이며 녹슬지 않는 강철이라는 의미입니다. 한편 합금이란 두 종류 이상의 금속을 섞어 만든 금속 혼합물을 가리키는데, 스테인리스강은 크로뮴이 11% 이상 섞인 합금입니다.

스테인리스는 혼합되는 크로뮴의 비율에 따라 몇 가지 종류로 나뉩니다. 먼저 주방 싱크대를 만들 때는 크로뮴 18%와 니켈 8%를 섞은 SUS304 규격(오스테나이트계) 스테인리스를 주로 사용합니다. 18-8 스테인리스강이라고도 불러요.

스테인리스는 공기와 접촉하면 공기 중에 있는 산소나 수분이 크로뮴과 반응을 일으켜 표면에 크로뮴을 함유한 세라믹 보호 피막인 **부동태 피막**을 형성합니다. 두께는 몇 nm(나노미터) 정도로 얇지만 일단 부동태 피막이 생기면 공기와 접촉해도 산화가 진행되지 않습니다. 이 세라믹은 매우 단단해서 표면에 흠집이 생기는 걸 막는다는 장점도 있어요.

주요 성분은 삼산화이크로뮴(Cr_2O_3)이며, 그 외에 합금 성분인 망가니즈가 포함된 크로뮴산망가니즈($MnCr_2O_4$)와 삼수산화크로뮴($Cr(OH)_3$)도 포함되어 있습니다.

그 밖에도 다양한 종류의 스테인리스가 있습니다. 니켈 성분이 없는 SUS430(페라이트계)은 주로 가전제품에 사용되고, 크로뮴 함량이 13% 정도로 낮은 SUS410(마르텐사이트계)은 담금질을 할 수 있어 칼을 제조할 때 주로 쓰입니다.

그림 다양한 스테인리스

SUS304는 18~20%의 크로뮴, 8.00~10.50%의 니켈, 2% 이하의 망가니즈로 구성된 오스테나이트계 스테인리스다.

SUS304로 만든 주방 싱크대

SUS201은 크로뮴 16~18%, 니켈 3.50~5.50%, 망가니즈 5.5~75%로 구성된 오스테나이트계 스테인리스다.

SUS201로 제작한 JR동일본 211계열 전동차

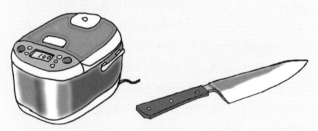

16~18%의 크로뮴을 함유한 SUS430으로 만든 밥솥

11.5~13.5%의 크로뮴을 함유한 SUS410으로 만든 주방용 칼

금속의 반사

 Q 금속은 왜 반짝반짝 빛이 나나요?

 A 빛이 만든 전자파의 영향으로 자유전자 집단이 운동하면서 빛이 금속 내부로 들어오지 못하게 막기 때문이에요.

금속 안에는 고밀도의 자유전자가 존재합니다. 빛은 라디오나 텔레비전의 전파와 같은 전자파입니다. 따라서 전기장과 자기장을 형성하고 진동하면서 나아가죠. 그러다 빛의 전기장이 금속 표면에 닿으면 경계면에는 87쪽 그림의 ⓐ와 같이 붉은 화살표 방향으로 진동하는 전기장과, ⓑ의 파란 화살표 방향으로 진동하는 전기장이 교대로 반복되며 나타납니다.

음전하를 띤 자유전자는 전기장의 진동에 따라 전기장의 양극(+)으로 이동하며 ⓐ와 ⓑ의 상태를 오가는데, 이와 같은 진동 현상을 자유전자의 플라스마 진동이라고 합니다.

플라스마 진동의 영향으로 음전하는 항상 전기장의 양극(그림의 회색 부분)에 모이고, 금속 내부로 들어오려는 빛의 전기장을 상쇄시킵니다. 쉽게 말해 하늘에서 내려온 빛이 금속 내부로 들어오지 못하고 튕겨 나가요. 금속이 높은 반사율을 보이는 이유가 이것입니다.[31]

반면 전기장의 영향을 받아 진동할 자유전자가 없는 절연체는 내부로 빛이 들어올 수 있습니다. 즉 반사율이 낮아요. 예를 들어 절연체인 석영 유리는 600nm 파장(붉은 오렌지색)에 대한 반사율이 고작 3.5%에 불과합니다.

그렇다면 자유전자가 거의 존재하지 않는 순수한 반도체도 빛이 내부로 침투해야 맞습니다. 하지만 실제로 반도체의 반사율은 높아요. 예를 들어 규소(Si), 즉 실리콘은 600nm 파장의 빛을 35.6% 반사하고, 300nm 파장의 자외선은 62.7%나 반사합니다. 그래서 연마한 실리콘은 금속처럼 빛이 납

---

31 금속 표면에 모인 양전하와 음전하가 쌍극자(dipole)를 이루어 진동하면서 빛을 내지만, 금속 내부로는 거의 들어올 수 없기 때문에 대부분이 반사광이 된다.

니다. 그 이유는 광흡수 때문입니다. 전자가 에너지 띠[32] 사이를 이동할 때 필요한 에너지를 흡수하는 현상인 광흡수가 반도체 내부에서 일어나고, 이 현상 때문에 반도체는 높은 반사율을 보입니다.

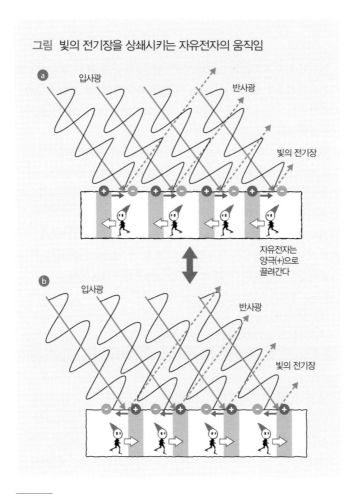

그림 빛의 전기장을 상쇄시키는 자유전자의 움직임

---

32 에너지 준위에 따라 전자가 있을 수 있는 영역과 그럴 수 없는 영역으로 구분된다. 전자가 존재할 수 있는 에너지 영역을 에너지 띠라고 하고, 전자가 존재할 수 없는 영역을 띠틈이라고 한다. —옮긴이

빛나지 않는 금속은 없나요?

 연마한 금속은 모두 빛을 반사해요. 다만 그 정도는 금속마다 다르답니다. 은이나 알루미늄은 빛을 잘 반사하지만, 철이나 텅스텐은 상대적으로 반사율이 낮아요.

물질이 얼마나 빛을 잘 반사하는지는 반사율을 보면 알 수 있습니다. 반사율은 반사광의 세기를 입사광의 세기로 나누어서 100을 곱한 값입니다. 따라서 빛의 파장에 따라서도 변하고, 빛이 물체로 접근하는 입사각에 따라서도 달라지죠.

86쪽에서도 설명했듯이 금속이 빛을 반사하는 이유는 자유전자가 빛이 만든 전기장의 영향을 받아 진동하기 때문입니다. 따라서 일반적으로 전기저항이 큰 금속은 자유전자의 움직임이 둔해서 반사율도 낮아요. 실제로 철이나 텅스텐, 몰리브데넘과 같이 저항이 큰 금속은 다른 금속에 비해 반사율이 낮습니다. 아래의 표에 600nm 파장의 빛에 대한 금속의 반사율과 저항률을 정리했습니다. 모든 경우에 정확하게 맞아떨어지지는 않지만, 일반적으로 저항이 큰 금속은 반사율이 낮다는 사실을 알 수 있습니다.

표 다양한 금속의 반사율과 전기 저항률

금속명(원소기호)	반사율(%)[600nm]	저항률(μΩcm)
은(Ag)	98.1	1.61
구리(Cu)	93.3	1.70
금(Au)	91.9	2.20
알루미늄(Al)	91.1	2.74
백금(Pt)	65.4	10.4
철(Fe)	64.6	9.8
몰리브데넘(Mo)	56.5	5.3
텅스텐(W)	50.6	5.3

그림 전기 저항률이 낮을수록 금속은 더 반짝인다

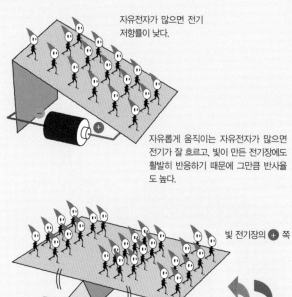

자유전자가 많으면 전기
저항률이 낮다.

자유롭게 움직이는 자유전자가 많으면
전기가 잘 흐르고, 빛이 만든 전기장에도
활발히 반응하기 때문에 그만큼 반사율
도 높다.

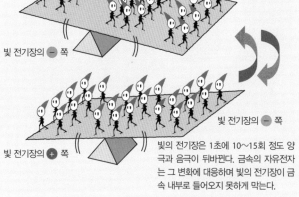

빛 전기장의 ➕ 쪽

빛 전기장의 ➖ 쪽

빛 전기장의 ➖ 쪽

빛 전기장의 ➕ 쪽

빛의 전기장은 1초에 10~15회 정도 양
극과 음극이 뒤바뀐다. 금속의 자유전자
는 그 변화에 대응하며 빛의 전기장이 금
속 내부로 들어오지 못하게 막는다.

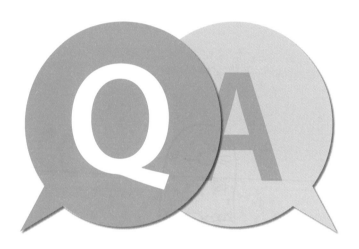

제3장

신기한 자기

우리는 주로 자석을 칠판이나 냉장고에 메모를 붙일 때 사용하지만, 사실 자석으로 하드디스크를 만들 수도 있습니다. 지금부터 자기에 대한 궁금증을 풀어 봅시다.

자기의 기초

Q 자석이 가진 자력은 어떻게 생기는 건가요?

A 전자는 핵 주위를 도는 궤도 운동과 자기 무게중심을 축으로 스스로 회전 운동(전자 스핀)을 해요. 이 두 운동을 통해 자력이 생긴답니다.

● **자기를 만드는 전류**

그림 1의 **ⓐ**는 전선에 전류를 흘려 보냈을 때 전선 주변에 자기장이 생기는 모습을 표현하고 있어요. 이때 세기가 같은 점을 연결한 선인 자기력선을 그려 보면 전선을 중심으로 한 동심원 형태가 되죠. 이때 자기장의 세기 H는 전류 I에 비례하고 전선 중심에서부터의 거리 r_0에 반비례합니다.

또한 **ⓑ**와 같이 전선을 구부려 고리 형태로 만들고 전류를 흘리면 고리 단면의 수직 방향으로 전류의 세기에 비례하는 자기장이 형성됩니다. 이와 같은 전류와 자기장의 관계를 발견자의 이름을 따서 앙페르의 법칙(Ampere's Law)이라고 합니다. 전류의 단위인 A(암페어)도 앙페르의 이름에서 유래했죠. 1A의 전류를 반지름 0.5m의 고리에 흘렸을 때 중심에 발생한 자기장의 세기를 1A/m로 정했어요.

그림 1 **전류가 만드는 자기장**

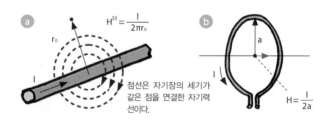

ⓐ

$$H^{33} = \frac{I}{2\pi r_0}$$

r_0

I

점선은 자기장의 세기가 같은 점을 연결한 자기력선이다.

ⓑ

a

$$H = \frac{I}{2a}$$

---

33 자기장(Magnetic Field)을 나타내는 기호에는 B와 H가 있다. B는 실제 존재하는 물리량이며, H는 계산 편의를 위해 B를 변형하여 만든 것이다($H = \frac{B}{\mu}$). B는 T(테슬라) 혹은 G(가우스), H는 A/m라는 서로 다른 단위를 쓴다. 다만 무엇을 자기장이라고 불러야 할지에 대해서는 지금도 많은 논의가 있다. —옮긴이

● 자석을 계속해서 쪼개면 어떻게 될까?

막대자석을 쪼개면 아래 그림 2의 ⓒ와 같이 아무리 작게 나누어도 N극과 S극이 쌍을 이루어 계속 나타납니다. 이게 전기와 다른 점이에요. 전기의 경우 양전하와 음전하가 단독으로도 존재하지만, 자기는 N과 S라는 자하[34]가 반드시 쌍을 이루어 존재하거든요. 이때 N과 S의 쌍이 생성하는 자기력은 전자의 궤도 운동으로 생기는 자기장과 등가를 이룹니다.

전자는 ⓓ와 같이 원자핵 주변을 회전합니다. 이와 같은 전자의 궤도 운동은 원자핵 주변에 회전하는 전류가 흐르는 것과 마찬가지라고 할 수 있으므로 앙페르의 법칙에 따라 원자 주변에도 자기장이 생깁니다.

하지만 전자의 궤도 운동만으로는 자석의 자기력을 모두 설명할 수 없습니다. 여기서 한 가지 더 고려해야 할 점이 전자 스핀(spin)입니다. 전자는 ⓔ에 제시한 팽이처럼 자기 자신의 무게중심을 축으로도 회전하거든요. 이 회전을 전자 스핀이라고 하고, 궤도 운동과 마찬가지로 이때도 자기력이 생성됩니다. 전자의 회전 방향이 오른쪽인지 왼쪽인지에 따라 자기력은 위 또는 아래를 향합니다.

정리하면, 자석의 자기력은 원자 속 전자의 궤도 운동(공전)과 전자 스핀(자전)이라는 두 가지 회전으로 생성된다고 설명할 수 있습니다. 실제로 네오디뮴 자석[35]의 자기력은 네오디뮴 원자 속 전자의 궤도 운동과 전자 스핀으로 생성된 자기력에 철 원자 속 전자의 전자 스핀으로 생성된 자기력이 더해져서 만들어집니다.

그림 2 전자의 공전과 자전으로 탄생한 자석

원자 자석

ⓒ　　ⓓ　　ⓔ

---

34 magnetic charge. 자기의 양을 생각하는 데 사용되는 개념적인 양. 전하와 같이 물체가 가지고 있는 것이라는 의미로 자하라 한다. ─옮긴이
35 네오디뮴 자석은 네오디뮴, 붕소, 철을 2:1:14의 비율로 합금하여 만든다. ─옮긴이

자극에는 N극과 S극밖에 없나요? 혹시 S극이나 N극만 있는 자석은 없어요?

 자극에는 N극과 S극만 있어요. N극과 S극은 항상 쌍을 이루어 존재하며, S극이나 N극만 따로 있는 자석은 없답니다.

과학자들은 오래전부터 한쪽 극만 있는 자석, 즉 자기 홀극(magnetic monopole)을 찾는 연구를 계속해 왔지만 아직 발견하지는 못했습니다. 자기는 항상 쌍을 이루어 존재해요. 앞에서 설명했듯이 자기 모멘트[36]는 전자의 공전과 자전을 통해 생성되므로 N극과 S극의 쌍이 기본 단위입니다.

 N극과 S극은 서로 끌어당기는데 같은 극끼리는 왜 서로 밀어내나요?

 N극과 S극이 만나면 자기력선이 이어지지만 같은 자극은 자기력선이 이어지지 않아요. 따라서 자기력선이 이어질 수 있도록 자극은 회전하려고 합니다.

자석의 자극에서는 자기력선이 뻗어 나와 퍼집니다. 이때 자극 근처에 또 다른 자극을 두면 두 자극에서 나온 자기력선이 이어지게 돼요. 다만 가까이에 있는 극이 다른 극이면 그대로 이어지지만, 같은 극이면 자기력선이 이어질 수 있도록 자극이 회전하려고 듭니다. 그래서 같은 극을 가까이 대면 마치 서로를 밀어내는 것처럼 보입니다.

---

36 N극과 S극의 두 자기극이 일정한 거리로 떨어진 상태에서 나타나는 자성의 양. 자기장에서 자극의 세기와 N-S 양극 간 길이의 곱으로 정의한다. ─옮긴이

그림 2개의 자석 사이에서 작용하는 힘

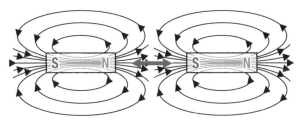

N극과 S극은 자기력선이 이어지며 서로를 끌어당긴다.

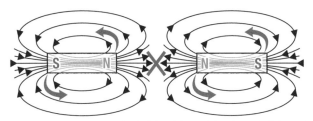

같은 자극끼리는 자기력선이 이어지지 않아 불안정하며 자신과 다른 극을 찾아 자석이
회전하려고 한다.

Column

2개의 자석 사이에서 작용하는 힘을
이용하는 모터

모터는 회전자와 고정자로 구성됩니다.
회전자에는 자석을, 고정자에는 코일(전
자석)을 사용합니다. 회전재(자석)와 고정
자(코일) 사이에 작용하는 인력과 척력을
제어하면 회전자가 빙글빙글 돌아가며 모
터를 돌립니다.

자석

 Q 자석은 돌로 만들어졌나요?

 A 자성을 띤 자철광이라는 광석이 있기는 하지만, 우리가 쓰는 일반적인 자석은 돌이 아니에요. 전이 금속이 함유된 합금이나 산화물이랍니다.

천연 광물 중에 자성을 띤 자철광(magnetit, Fe_3O_4)이라는 광물이 있습니다. 하지만 자철광을 이용해 자석을 만들지는 않아요.

시중에서 판매하는 자석은 철이나 코발트와 같은 전이 금속으로 만든 합금이나 철을 함유한 **산화물**로 만듭니다.

다음 97쪽 그래프는 과거부터 지금까지 자석의 세기(에너지의 크기)가 변해 온 추이를 나타낸 것입니다. 과거에는 주로 혼다 고타로 박사가 개발한 KS강과 같이, 주조해서 만든 철의 합금으로 자석을 만들었습니다.

그 후에 가토 요고로 박사와 다케이 다케시 박사가 **페라이트**(산화철) 자석을 발명했고, 1970년대 초에 희토류의 한 종류인 사마륨(Sm)과 전이 금속인 코발트(Co)를 섞은 합금($SmCo_5$, Sm_2Co_7) 자석이 개발되면서 본격적인 희토류 자석 시대의 막이 열렸습니다. 그리고 1984년에 일본의 사가와 마사토 박사가 희토류 중 사마륨보다 매장량이 많고 저렴한 네오디뮴(Nd)과 철을 섞은 **네오디뮴 자석**을 발명한 뒤로 지금까지 네오디뮴 자석이 가장 널리 쓰이고 있어요.

그림 천연 자철광

그래프 자석의 세기는 어떻게 변해 왔을까

자석의 세기는 자석이 가지고 있는 자기 에너지의 크기(최대 에너지적(積))로 나타낸다. 네오디뮴 자석($Nd-Fe-B$)의 세기는 초기에 사용하던 KS강 자석의 10배에 달한다.

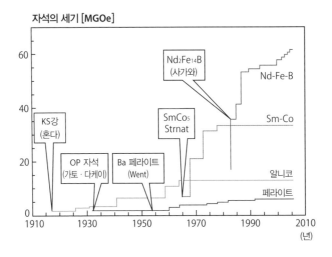

자석은 어떻게 만드나요?

 예전에는 주로 틀을 이용하는 주조 방식으로 자석을 만들었지만, 요즘은 자성체를 가루로 만들고 자기장 안에서 가압 성형한 소결자석과 플라스틱에 섞어서 가압 성형한 본드자석을 많이 만들어요.

자석에는 원료를 가루로 만든 다음 고온에서 구운 소결[37]자석과 자성체 가루를 플라스틱으로 굳힌 본드자석이 있습니다. 다음 그림 1을 참고해서 각각의 제조 방법을 살펴봅시다. 소결자석부터 살펴보면, 우선 녹인 원료를 주형에 넣어 주물을 만든 다음 분쇄해서 가루로 만듭니다. 그런 다음 프레스 안에서 자기장을 가해 성형하고 소결시켜 만듭니다. 한편 본드자석은 가루로 만든 원료를 플라스틱에 섞어서 강한 압력으로 누르는 방식으로 만듭니다.

그림 1 **자석을 만드는 과정**

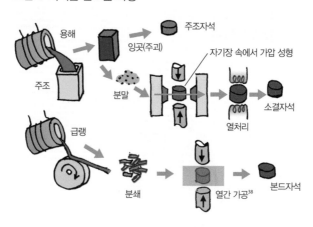

---

37 가루들이 서로 밀착하여 하나의 덩어리가 되는 과정을 말한다. —옮긴이
38 금속을 재결정 온도 이상으로 가열하여 가공하는 방법이다. —옮긴이

그림 2 본드자석을 다양하게 가공하는 방법

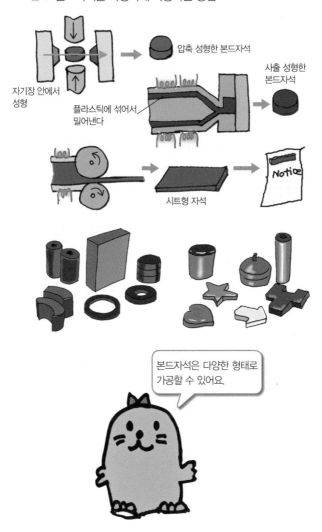

자기장 안에서
성형

압축 성형한 본드자석

플라스틱에 섞어서
밀어낸다

사출 성형한
본드자석

시트형 자석

Notice

본드자석은 다양한 형태로
가공할 수 있어요.

지구자기

 Q 왜 북극에는 S극, 남극에는 N극의 강한 자기력이 생기나요?

 A 지구 내부에 회전으로 생긴 전류가 있기 때문이에요.

지구자기란 지구가 가진 자석으로서의 성질입니다. 지구자기의 생성 이론 중 가장 유력한 설은 **다이너모**(dynamo) **이론**인데, 이에 따르면 지구 내부에는 빙글빙글 돌고 있는 고온의 외핵이 존재합니다. 이 외핵이 전하를 가지고 있다면 회전으로 인해 전류가 발생하고 자기가 형성되는 거죠. 이때 발생한 자기의 방향이 북극에서 남극을 향하기 때문에 남극에는 N극이, 북극에는 S극이 생깁니다. 다만 지구자기의 N극과 S극의 방향은 지구의 남극점 및 북극점과 완전히 일치하지는 않습니다. 과거에는 북과 남의 자극이 바뀌었던 적도 있다고 하네요.

 Q 나침반의 자침은 왜 항상 남북을 가리키나요?

 A 자기력선이 지구 표면을 따라 남에서 북으로 흐르기 때문이에요.

방위자석(쉽게 말해 나침반)의 자침에서 북쪽을 가리키는 부분을 N극, 남쪽을 가리키는 부분을 S극이라고 합니다. 101쪽 그림에서 보여 주듯이, 남극 부근에 있는 지구자기 N극에서 지구 외부로 뻗어 나온 자기력선은 지구의 자오선을 따라 북쪽으로 흘러서 북극 부근에 있는 지구자기 S극으로 들어갑니다. 자침은 자기력선과 평행이 되려는 성질이 있기 때문에 항상 남북을 가리키게 되죠.

그림 지구자기의 발생 원리

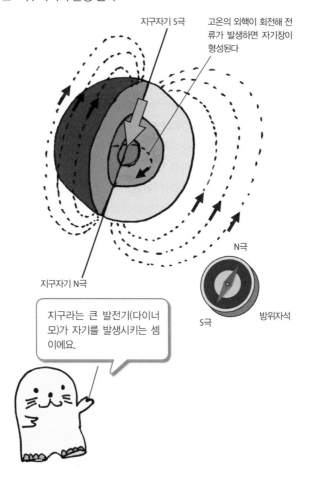

지구자기 S극

고온의 외핵이 회전해 전류가 발생하면 자기장이 형성된다

지구자기 N극

N극

방위자석

S극

지구라는 큰 발전기(다이너모)가 자기를 발생시키는 셈이에요.

철로 만든 클립은 왜 자석에 붙나요?

 철에 자석을 가까이 대면 해당 부위에 자석의 자극과 반대 자극이 생겨서 달라붙는 힘이 작용해요.

그림 1을 봅시다. 철 클립이 처음부터 자성을 띠지는 않습니다. 그런데 자석과 가까워지면 **자화**[39]가 일어나요. 자석의 N극을 철 클립에 가까이 대면 자기력선의 영향을 받아 클립 내부에서 N극 옆에 S극이 생겨요.

이 현상을 이해하려면 먼저 **자기구역**(magnetic domain)이라는 개념을 알아야 합니다. 철은 원래 자석의 성질을 가지고 있어서 내부에 어느 정도 자화되어 있는 자기구역을 가지고 있습니다. 일반적인 상태에서는 자기구역의 자화 방향이 제각각이라 자성이 나타나지 않지만, 외부에서 자화력이 가해지면 자기구역이 회전하며 자화력 방향에 가까워지려 하기 때문에 자성이 나타나요. 이때 자화력과 자화 방향이 다른 자기구역은 정자기 에너지 (magnetostatic energy)가 높아져 불안정한 상태가 되기 때문에, 자화력과 자화 방향이 같은 자기구역의 자기구역벽이 이동해서 점차 구역이 확대되고, 결국 물질 전체가 하나의 자기구역이 됩니다.

103쪽 그림 2의 ⓐ는 클립의 원래 상태입니다. 자석을 가까이 가져가면 ⓑ와 같이 자기장에 평행한 자기구역이 확대되고, 마지막으로 해당 자기구역 내부에서 자화가 일어나 하나의 자기구역이 됩니다(ⓒ). 이 과정을 거쳐 클립 전체가 자화됩니다. 이때 자석을 멀리 떼어 놓아도 반대 방향의 자기구역이 생기지 않기 때문에 마치 영구 자석처럼 자기를 띠게 되죠.

그림 1 **클립은 자석의 자극과 반대 방향으로 자화된다**

---

39 물체가 자성을 지니게 되는 현상. -옮긴이

그림 2 물체는 자기구역이 이동하고 회전하면서 자기를 띤다

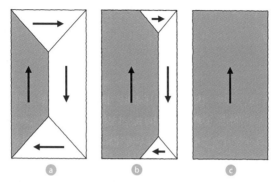

ⓐ 자기구역이 나뉘어 있어서 전체가 자기를 띠지는 않는다.
ⓑ 자기장의 영향으로 자기구역벽이 움직인다.
ⓒ 마지막으로 전체가 같은 방향의 자기를 띤다(자기 포화 상태).

그림 3 자기이력곡선(magnetic hysteresis)

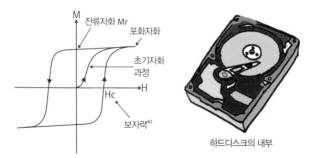

하드디스크의 내부

자성체에 자기장 H를 가했을 때 자성체가 띠는 자기의 세기(자화도) M과 자기장 H의 관계를 나타낸 그래프를 자기이력곡선이라고 한다. 자기포화가 일어난 후에는 자기장을 줄여 0으로 만들어도 자화된 상태가 완전히 사라지지 않고 남는다. 컴퓨터의 하드디스크는 이와 같은 자기의 원리를 이용해 정보를 기록한다.

40 강자성 재료를 자화할 때 어느 값의 잔류자화가 남는데, 그 잔류자화를 0으로 만드는 데 필요로 하는 역자장의 강도를 말한다. ─옮긴이

스테인리스의 자기

 스테인리스도 철인데 왜 자석에 붙지 않나요?

 스테인리스의 주성분이 철이기는 하지만 일반 철과 결정구조가 달라서 자성(자석에 붙는 성질)을 띠지 않기 때문이에요.

스테인리스 중에서 SUS304로 대표되는 **오스테나이트계**는 자석에 붙지 않아요. 반면 같은 스테인리스라도 **마르텐사이트계**(SUS410 등)나 **페라이트계**(SUS430 등)는 철과 마찬가지로 자석에 붙는 성질(강자성)을 띠죠. 그렇다면 왜 SUS304는 강자성을 띠지 않을까요?

일반적인 철은 강자성체입니다. 강자성체는 외부 자기장이 없는 상태에서도 원자 자석이 가지런히 정렬해 전체적으로 자기를 띠는 물질을 말해요. 다만 같은 철 원자로 이루어져 있어도 원자의 정렬 형태(결정구조)에 따라서 자기가 생기기도 하고 생기지 않기도 합니다.

일반 철(α철)은 105쪽 그림의 **ⓐ**와 같이 원자가 입방체의 꼭짓점과 중심에 있는 **체심입방격자**로 되어 있습니다. 페라이트계 스테인리스는 체심입방격자이며, 가열한 후에 급격히 냉각하면 **ⓑ**와 같이 세로로 길어진 체심정방격자로 변하기도 합니다. 체심입방격자와 체심정방격자는 자기를 띱니다.

한편 더 안정적인 스테인리스의 구조는 원자가 **ⓒ**와 같이 입방체의 꼭짓점과 면 중심에 있는 **면심입방격자**입니다. 이런 구조를 오스테나이트계라고 합니다. 또한 **ⓓ**와 같이 정사각기둥의 꼭짓점과 측면 중심에 원자가 있는 면심정방격자를 띤 스테인리스도 있습니다. **ⓒ**나 **ⓓ**와 같이 면심 구조인 물체는 자기를 띠지 않아요.

왜 원자의 정렬 형태에 따라서 성질에 차이가 발생하는 걸까요? 비밀은 철 원자가 서로 떨어져 있는 거리에 숨겨져 있습니다.

ⓐ와 **ⓒ**를 비교해 봅시다. 만약 입방체의 모서리 길이가 a로 모두 같다면 **ⓐ**구조에서 가장 짧은 원자 간 거리인 d는 $\sqrt{3}a/2 = 0.87a$입니다. 그런데 **ⓒ**구조에서는 $\sqrt{2}a/2 = 0.71a$가 됩니다. 원자 자석끼리 모이려는 힘은 거리에 따라

변하는데, 원자 간 거리가 적당히 벌어졌을 때만 같은 방향을 향해 정렬할 수 있습니다. 이것이 ⓐ구조일 때는 자기를 띠지만 ⓒ구조가 되면 자기가 사라지는 이유입니다.

그림 **결정구조와 가장 짧은 원자 간 거리**

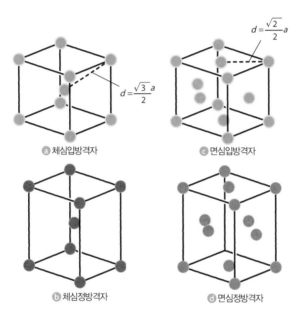

$$d = \frac{\sqrt{3}}{2}a$$

ⓐ 체심입방격자

$$d = \frac{\sqrt{2}}{2}a$$

ⓒ 면심입방격자

ⓑ 체심정방격자

ⓓ 면심정방격자

Q 집에 있는 싱크대에 시험해 보니 싱크대 구석에 자석이 붙네요. 왜 싱크대 모서리에는 자석이 붙나요?

 A 가공하는 과정에서 결정구조가 변했기 때문이에요

가공 중에 구부리거나 용접하면서 열이 가해지면 스테인리스의 결정구조가 변하기도 합니다. 이때 면심입방결정이던 물질이 체심입방결정으로 변하면 자기를 띠게 되죠.

주방 싱크대에 사용하는 스테인리스도 마찬가지입니다. 가공하지 않은 평평한 부분은 자기를 띠지 않지만, 모서리 부분은 압력을 가해서 구부리는 가공을 거쳤어요. 때문에 결정구조가 변해 자기를 띠기도 합니다.

그림 스테인리스로 만든 싱크대에 자석이 붙을까?

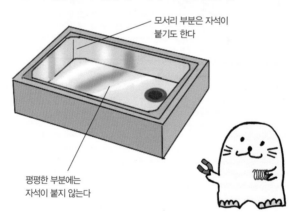

모서리 부분은 자석이 붙기도 한다

평평한 부분에는 자석이 붙지 않는다

제4장

신기한 빛과 색

빛과 색에도 많은 수수께끼가 숨어 있습니다. 4장에서는 빛과 색에 관한 궁금증을 풀면서 물리 분야의 지식을 쌓아 봅시다!

신기한 빛과 색

빛은 무엇으로 만들어지나요? 빛의 성분이 궁금해요.

질량이 없는 빛은 '물질'이 아니라 '파동'으로 표현해요.
빛은 어떠한 물질로 만들어졌다고 말할 수 없답니다.

빛은 라디오나 TV 전파와 마찬가지로 진공 상태에서도 퍼져 나가는 파동입니다. 따라서 '무엇으로 만들어졌다'라는 표현을 쓸 수 없어요. 빛이 파동을 일으킨다는 사실은 2개의 구멍을 통과할 때 구멍 뒤에 나타나는 간섭무늬를 통해 확인할 수 있습니다.

예전 사람들은 우리가 사는 공간에 에테르(ether)라는 가상의 물질이 가득 차 있다고 생각했습니다. 바다의 파도가 바닷물을 매개로 전달되듯이 에테르라는 매개체를 통해 빛이라는 파동이 전달된다고 믿었죠. 하지만 물리학자 앨버트 마이컬슨(Albert Michelson)과 화학자 에드워드 몰리(Edward Morley)는 '에테르가 실제로 존재한다면 지구가 움직이는 방향에서 빛의 속도를 측정했을 때와, 그 반대 방향에서 빛의 속도를 측정했을 때 측정값이 달라야 한다'라고 생각했습니다. 이들은 109쪽 그림에 제시한 마이컬슨 간섭계를 사용해 가설 검증에 나섰습니다. 그 결과, 빛의 속도에는 차이가 없었습니다. 에테르의 존재가 부정된 거죠.

아인슈타인은 이 실험의 결과를 상대성이론으로 설명했습니다. 상대성이론에 따르면 시간과 공간은 절대적이지 않고 빛의 속도만이 절대적입니다. 물체의 운동 속도가 빛의 속도에 가까워지면 관측자가 보는 물체의 길이가 짧아지는 로렌츠 수축 현상이 일어나고, 시간의 흐름도 느려집니다. 다시 말해 빛은 시간과 공간에 변화(시공간 왜곡)를 일으키며 진공 상태에서 퍼져 나간다는 말입니다.

또한 아인슈타인은 진공 상태에 있는 금속의 표면에 빛을 비추면 금속에서 전자가 방출되는 광전효과 실험을 통해 빛은 photon이라는 광자(光子)이며, 에너지는 연속된 값이 아니라 불연속적인 값을 가진다는 사실도 밝혀

냈습니다.

이처럼 20세기 물리학 연구의 성과로 '빛은 입자인 동시에 파동의 성질
을 가진다'라는 사실이 증명되었습니다.

그림 **마이컬슨 간섭계**

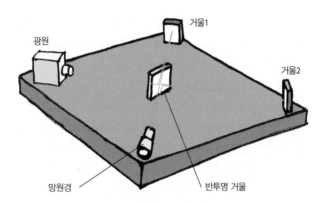

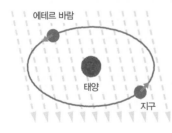

에테르 바람이 존재한다면 빛이 거
울1의 광행로와 거울2의 광행로를
지나는 시간에 차이가 있어야 하고,
그에 따른 간섭무늬가 생겨야 한다.
또한 에테르 바람은 지구 공전의 영
향을 받아 반년 주기로 방향이 바뀌
므로 그에 따른 무늬의 차이도 있어
야 한다. 하지만 실험에서는 간섭무
늬에 변화가 관측되지 않았다.

빛보다 빠른 것은 없나요?

 진공 상태에서 빛보다 빠른 것은 없어요. 하지만 물질 속에서는 빛도 느려지기 때문에 입자가 빛보다 빠를 때도 있답니다.

상대성이론에 따르면 운동하는 물체의 속도가 빛의 속도에 가까워지면 물체의 질량은 점점 무거워집니다. 그래서 어떠한 물체도 빛의 속도보다 빠를 수는 없습니다.

확실히 빛의 속도는 빠릅니다. 하지만 이는 어디까지나 진공 상태일 때의 이야기이고, 빛도 물질 속으로 들어가면 속도가 느려집니다. 빛의 속도가 느려지는 정도는 **굴절률**로 표현합니다. 예를 들어 20℃ 물의 굴절률은 1.33이므로 이때 물속을 지나가는 빛의 속도는 원래 속도의 1.33분의 1만큼 느려집니다. 이때 가속기를 사용해서 입자를 가속시키면 물속을 지나가는 빛의 속도보다 입자의 속도를 빠르게 만들 수도 있습니다. 이때 파란빛이 발생하는데, 이 빛을 **체렌코프 복사**(cherenkov radiation)라고 합니다.

일부 인공 **광결정**(photonic crystal)에서는 빛의 속도를 5만 분의 1로 줄일 수 있습니다. 이 안에서 빛은 1초에 6km밖에 나아가지 못하는데 이는 결정 속 전자보다 느린 속도입니다.

그림 **체렌코프 복사**

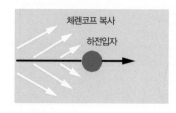

물 속에서 빛의 속도보다 하전입자[41]의 속도가 빨라지면 지향성[42]이 강한 빛이 방출된다. 이 빛을 체렌코프 복사라고 한다. 우라늄이나 플루토늄을 물에 넣으면 파랗게 빛나는 이유도 체렌코프 복사 때문.

---

41 전기적으로 양성이나 음성 전하를 가진 이온 입자. —옮긴이
42 빛이나 전자기파 등의 세기가 방향에 따라 변하는 성질. —옮긴이

Q 햇빛을 받으면 왜 따뜻해지나요?

A 옷에 빛이 닿으면 천의 섬유를 구성하는 분자가 빛을 흡수하고, 흡수된 빛 에너지가 분자를 진동시켜서 열이 나기 때문이에요.

지표면 1m²에 1초 동안 쏟아지는 태양광의 에너지는 약 1kJ이므로 그 에너지 밀도는 1kW/m2입니다. 다음 그래프는 이와 관련해서 빛이 가진 에너지와 파장의 관계를 나타낸 **분광 분포**(spectral distribution) 곡선입니다.

옷의 섬유가 가시광선을 흡수하면 ❶빛 에너지를 머금은 섬유 분자 속 원자가 고에너지 상태(들뜬 상태)가 되고, ❷들뜬 원자는 에너지를 방출해서 원래의 상태로 돌아가려고 합니다. 이때 방출된 에너지가 섬유 분자를 진동시키고 ❸분자 진동이 열로 변환됩니다.

그래프에서 알 수 있듯이 태양광에는 가시광선 외에도 다량의 적외선이 포함되어 있습니다. 섬유 분자는 적외선을 흡수하여 직접 분자 진동을 일으키고 이때도 열이 발생해요. 흡수된 빛은 분자 진동을 통해 대부분 열로 변환됩니다.

그래프 **태양광 에너지 밀도의 분광 분포**

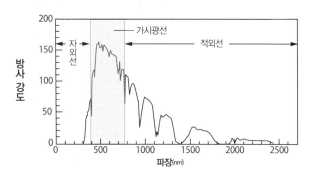

컬러 TV나 컴퓨터 모니터는 어떻게 빨간색, 초록색, 파란색만으로 모든 색을 표현할 수 있나요?

 사람의 눈에는 빨간색, 초록색, 파란색을 감지하는 세 가지 시세포가 있어요. 이 시세포가 눈에 보이는 모든 빛의 색을 식별하기 때문이에요.

113쪽 그림은 간단히 표현한 망막 세포의 종류와 구조입니다. 그림에 나와 있듯이 사람의 망막에는 광센서 역할을 담당하는 2개의 시세포가 있어요. 하나는 막대 모양의 **막대세포**, 다른 하나는 원뿔 모양을 한 **원뿔세포**입니다.

막대세포는 달빛 정도의 희미한 빛도 느낄 만큼 감도가 좋은 센서입니다. 반면 원뿔세포는 대낮처럼 밝은 곳에서만 기능하며 색을 구별하죠. 원뿔세포에는 빛의 스펙트럼 중 빨간색을 중심으로 감지하는 세포, 초록색을 중심으로 감지하는 세포, 파란색을 중심으로 감지하는 세포가 있습니다. 우리는 이 세 가지 원뿔세포가 내보내는 신호의 세기에 따라 다양한 색을 볼 수 있습니다.

113쪽 그래프는 세 가지 원뿔세포의 분광 감도 곡선입니다. β(베타)세포와 γ(감마)세포의 스펙트럼은 각각 파란색과 초록색일 때 가장 감도가 높지만, ρ(로)세포의 스펙트럼은 빨간색이 아니라 주황색일 때 가장 감도가 높습니다. 빨간색은 γ세포와 ρ세포가 자극을 받으면 뇌신경계에서 해당 정보를 처리해서 만들어집니다.

114쪽 칼럼에서 자세한 소개가 나오겠지만, 컬러 TV에 사용하는 3원색은 되도록 많은 색을 재현할 목적으로 고른 색입니다.

그림 망막 세포의 종류와 구조

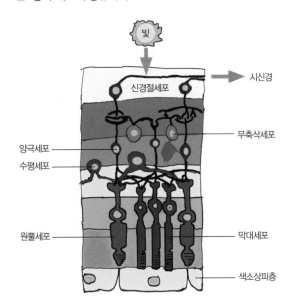

그래프 세 가지 원추세포의 분광 감도 곡선

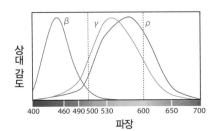

세 가지 원뿔세포는 그래프와 같은 상대 감도 스펙트럼을 가지고 있으며, 각 원뿔세포의 분광 감도는 빛의 3원색인 빨간색(R), 초록색(G), 파란색(B)의 감도 곡선과 거의 일치한다.

XYZ 등색함수와 CIE 표준 표색계

우리는 색을 구별하는 눈의 감도를 더 정확하게 표현하기 위해 **XYZ 등색함수**라는 그래프를 사용합니다(그래프 1). XYZ 등색 함수는 프리즘이나 분광기를 통과한 백색광에서 단색광을 뽑아낼 때 해당 색을 사람이 느끼는 빨간색, 초록색, 파란색에 대응시킨 세 가지 자극 값 X, Y, Z로 표현하는 함수입니다.

이에 따르면 X는 빨간색과 초록색 영역에서 가장 큰 값을 보이고, Z는 파란색 영역에서 가장 큰 값을 가집니다. 따라서 X와 Z를 사용하면 보라색을 표현할 수 있습니다. 이 규칙은 1931년에 국제조명위원회(CIE)에서 규정했고 지금도 **CIE 표준 표색계**라는 이름으로 사용되고 있습니다.

XYZ 등색함수는 모든 색을 XYZ라는 세 가지 자극치를 이용해 표현하지만, **CIE 색도도**(그래프 2)는 x=X/(X+Y+Z), y=Y/(X+Y+Z)로 치환해 모든 색을 xy 좌표계로 표현합니다. CIE 색도도는 TV 화면과 같은 디스플레이에서 색을 재현할 때 많이 사용하기 때문에 비교적 널리 알려져 있습니다.

그래프 1 XYZ 등색함수

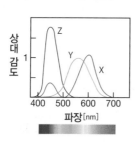

그래프 2 CIE 색도도

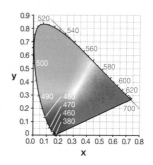

Q 빛의 3원색과 색의 3원색을 모두 섞으면 각각 어떤 색이 되나요?

A 빛의 3원색은 가색혼합(加色混合)이기 때문에 섞을수록 밝아져요. 반면 감색혼합(減色混合)인 색의 3원색은 섞을수록 어두워진답니다.

● **빛의 3원색**

112쪽에서 설명했듯이 사람의 눈에는 빨간색, 초록색, 파란색을 감지하는 세 가지 시세포가 있고, 빛의 3원색은 이 세 가지 시세포에 대응한 색입니다. 아래 그림 1은 무대에서 빨간색, 초록색, 파란색 조명을 겹쳐서 비추었을 때 어떤 색이 되는지를 보여 줍니다. 예를 들어 빨간색 조명과 초록색 조명이 섞이면 빨간색을 감지하는 시세포와 초록색을 감지하는 시세포가 자극을 받고, 최종적으로 뇌가 노란색이라고 판단해요. 초록색 조명과 파란색 조명이 겹치면 눈은 시안(cyan)이라고 판단하고, 마찬가지로 빨간색과 파란색 조명이 겹치면 마젠타(magenta)라고 판단합니다. 한편 빨간색, 파란색, 초록색이 모두 겹치면 눈으로 볼 수 있는 모든 빛(가시광선)이 눈에 들어온 것과 같은 자극을 받기 때문에 뇌는 백색이라고 판단합니다. 즉 빛은

그림 1 **빛의 3원색(빨간색 · 초록색 · 파란색)**

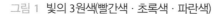

섞일수록 밝아지는 **가색혼합**(加色混合)의 성질을 띱니다.

또한 각 색에는 **보색**, 즉 색상 대비를 이루는 색이 존재합니다. 빨간색의 보색은 시안(cyan)이고, 초록색의 보색은 마젠타(magenta), 파란색의 보색은 노란색(yellow)입니다. 이렇게 보색 관계에 있는 빛끼리 섞어도 우리 눈은 이를 백색으로 인식합니다.[43]

● 색의 3원색

컬러 프린터에 사용하는 컬러 잉크의 기본색은 마젠타(magenta), 노란색(yellow), 시안(cyan)입니다. 이 세 가지 색을 색의 3원색이라고 합니다. 그리고 앞에서 설명했듯이 색의 3원색과 빛의 3원색은 서로 보색입니다.

우리가 어떻게 색을 구별하는지 이해하기 위해서는 우선 컬러 잉크의 색은 **투과색**이라는 사실을 염두에 두어야 합니다.

117쪽 그림을 보면 마젠타와 노란색, 시안의 컬러 셀로판지를 겹치면 어떤 색으로 보이는지를 알 수 있어요. 마젠타 셀로판지는 백색광 중에서 초록색 성분은 흡수하고 빨간색과 파란색은 투과시켜 마젠타로 보입니다. 마찬가지로 노란색 셀로판지는 파란색을 흡수하고 빨간색과 초록색을 투과시키죠. 그리고 마젠타와 노란색 셀로판지를 겹치면 마젠타를 구성하는 빨간색과 파란색 중에서 파란색이 노란색 셀로판지에 흡수되어 결과적으로 빨간색만 투과됩니다. 마젠타와 시안 셀로판지를 겹치면 파란색만 투과되고, 시안과 노란색 셀로판지를 겹치면 초록색만 투과됩니다. 마지막으로 마젠타, 노란색, 시안 셀로판지를 모두 겹치면 투과할 수 있는 빛이 없어서 검게 보여요. 다시 말해 색의 3원색은 섞을수록 점점 투과할 수 있는 빛이 줄어들어서 어두워지는 **감색혼합**(減色混合)의 성질을 띱니다.

---

43 LED(발광 다이오드) 부분에서 설명하겠지만, 백색 LED는 LED 자체가 내는 파란색 빛과 파란색을 받아서 빛을 내는 형광체의 노란색이 섞여 하얗게 보이는 원리다.

그림 2 색의 3원색(마젠타 · 노란색 · 시안)

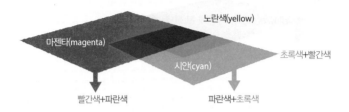

노란색(yellow)

마젠타(magenta)

초록색+빨간색

시안(cyan)

빨간색+파란색

파란색+초록색

그림 3 감색혼합의 원리

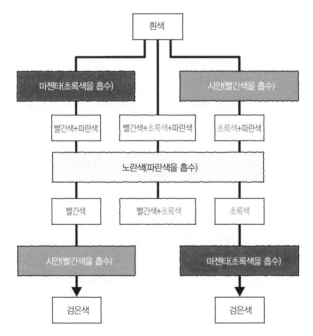

흰색

마젠타(초록색을 흡수)

시안(빨간색을 흡수)

빨간색+파란색

빨간색+초록색+파란색

초록색+파란색

노란색(파란색을 흡수)

빨간색

빨간색+초록색

초록색

시안(빨간색을 흡수)

마젠타(초록색을 흡수)

검은색

검은색

어떻게 물체가 색을 띨 수 있는지 궁금해요

 선택 흡수, 선택 반사, 회절, 간섭, 굴절과 같은 현상의 영향을 받아 일부 범위에 속한 파장의 빛만 우리 눈에 들어오기 때문이에요

태양이 내뿜는 빛에는 다양한 파장의 빛이 섞여 있습니다. 만약 물질이 모든 파장의 빛을 똑같이 산란 및 반사시키면 모든 물체는 흰색으로 보이겠죠. 하지만 이제 설명할 다양한 현상의 영향을 받아 물체는 각자의 색을 띱니다.

우선 **선택 흡수**는 특정 파장의 빛을 흡수하고 남은 성분을 투과시키는 현상을 말합니다. 바로 앞 116쪽에서 설명했듯이 시안 셀로판지는 빨간색 빛의 파장을 선택 흡수하고 초록색 빛과 파란색 빛을 투과시키기 때문에 시안으로 보입니다. 5장 '신기한 보석'에서 다시 설명하겠지만, 루비도 초록색을 선택 흡수하기 때문에 보색인 마젠타(magenta)로 보입니다.

또한 **선택 반사**는 특정 범위에 속하는 파장의 빛을 반사하는 현상입니다. 120쪽에서 자세히 설명하겠지만, 금은 빨간색에서 초록색까지의 파장을 선택 반사하기 때문에 노랗게 보입니다.

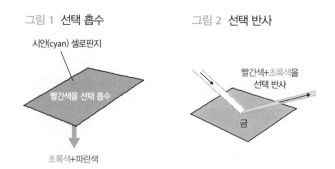

그림 1 **선택 흡수**

시안(cyan) 셀로판지

빨간색을 선택 흡수

초록색+파란색

그림 2 **선택 반사**

빨간색+초록색을
선택 반사

금

한편 회절은 요철이 반복되는 물체의 각 부위에서 빛이 반사되거나 투과한 빛이 간섭을 일으킬 때 발생합니다. CD나 DVD와 같은 광디스크가 무지개색으로 보이는 이유도 디스크에 기록된 동심원 모양으로 배열된 미세한 피트(pit: 요철)에서 회절이 일어나기 때문이죠.

마지막으로 간섭은 얇은 막의 앞뒤에서 반사된 빛이 서로의 파장에 따라 세지거나 약해지면서 생기는 현상입니다. 우리가 잘 아는 비눗방울의 색이 바로 간섭의 영향으로 만들어져요.

그림 3 회절

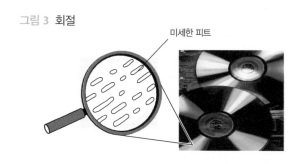

미세한 피트

그림 4 간섭

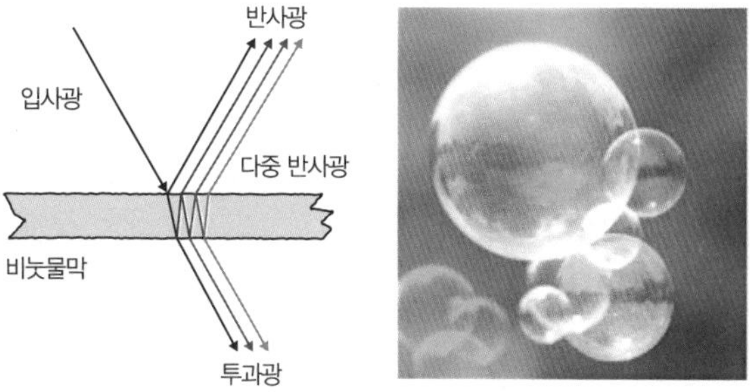

반사광

입사광

다중 반사광

비눗물막

투과광

금, 은, 구리의 전기 저항률은 모두 비슷합니다. 그런데 왜 금은 노란색, 은은 흰색, 구리는 빨간색으로 보이나요?

 금속 색의 차이는 선택 반사에 따라 결정돼요. 금속별로 광흡수가 일어나는 고유의 파장이 다르기 때문이랍니다.

121쪽 그래프는 금, 은, 구리의 분광 반사율 데이터를 나타낸 것입니다. 특히 가시광선(눈에 보이는 빛)에 대한 은의 반사율이 97% 이상으로 매우 높다는 사실을 알 수 있습니다. 그래서 은은 고품질의 거울을 만드는 소재로 널리 사용돼요. 은은 가시광선을 100% 가까이 반사하기 때문에 특정 색을 띠지 않습니다.

반면 금은 노란색부터 빨간색 사이의 빛은 강하게 반사하고 그 외에 다른 색의 빛은 흡수합니다. 마찬가지로 구리는 빨간색 빛을 강하게 반사하고 그 외 다른 빛은 흡수하고요. 그 결과 금이나 구리는 각자의 색을 띱니다. 앞서 설명했듯이 이와 같은 현상을 **선택 반사**라고 합니다.

이때 빛을 흡수하는 전자는 자유전자가 아닙니다. 원자에 묶여 있던 전자가 빛 에너지를 흡수해서 자유롭게 움직이는 자유전자가 되는 것이죠. 따라서 선택 반사와 전기 저항률은 상관이 없어요.

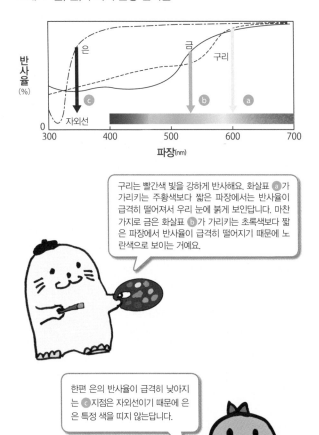

구리는 빨간색 빛을 강하게 반사해요. 화살표 ⓐ 가 가리키는 주황색보다 짧은 파장에서는 반사율이 급격히 떨어져서 우리 눈에 붉게 보인답니다. 마찬 가지로 금은 화살표 ⓑ 가 가리키는 초록색보다 짧 은 파장에서 반사율이 급격히 떨어지기 때문에 노 란색으로 보이는 거예요.

한편 은의 반사율이 급격히 낮아지 는 ⓒ 지점은 자외선이기 때문에 은 은 특정 색을 띠지 않는답니다.

새빨간 금속이나 새파란 금속을 만들 수도 있나요?

 천연 금속에는 완전히 빨갛거나 파란 금속이 없지만, 다층막을 이용해 간섭을 일으키면 빨간색이나 파란색으로 만들 수도 있어요

천연 금속 중에 완벽한 빨간색 혹은 파란색을 띤 금속은 없습니다. 구리에 소량의 금을 섞은 합금 중에 적동(赤銅)이라는 붉은색 합금이 있고, 구리에 소량의 아연을 섞은 단동(丹銅)이라는 합금도 있지만 모두 완전히 빨갛지는 않아요. 또한 구리와 주석을 섞은 합금인 청동이 있기는 하지만, 사실 청동도 원래는 금색이에요. 공기 중에 두면 표면에 산화물이 생겨서 청록색으로 보일 뿐이죠.

그런데 금속으로 만든 장식품 중에 새빨갛거나 새파란 것들이 분명히 있어요. 어떻게 된 일일까요?

이런 금속 장식품들은 표면에 산화물로 만든 다층막을 코팅하는 방법으로 **다중 간섭 효과**를 일으켜 특정 파장의 반사율을 높인 것입니다. 물론 이와 같은 방법으로 만든 색은 일종의 **구조색**일 뿐, 원래 금속이 가진 색이라고는 할 수 없습니다.

그림 **붉은 합금**

적동 반지

삿포로 올림픽에서 사용한 동메달

검은색은 있는데 왜 검은색 빛은 없나요?

 검게 보인다는 뜻은 눈에 빛이 들어오지 않은 상태를 의미해요. 따라서 검은색 빛이라는 말은 이치에 맞지 않는답니다.

빛이 없기 때문에 검은 것입니다. 따라서 빛을 등지고 서면 빛이 차단되어 검은 그림자가 생깁니다. 빛은 직진하는 성질이 있기 때문에 물체 등으로 빛을 가리면 그 뒤는 빛이 닿지 않습니다. 따라서 물체 때문에 생기는 그림자는 빛이 없어서 검은 것입니다. 그림자를 만드는 '검은색 빛' 같은 건 없어요.

한편 탄소와 같이 가시광선의 모든 파장을 흡수하는 물체도 검은색으로 보입니다.

그림 빛은 직진하기 때문에 앞을 가로막으면 그림자가 생긴다

블랙라이트는 어떤 빛인지 궁금해요

 블랙라이트는 자외선을 내는 형광등이에요. 자외선은 우리 눈에 보이지 않지만 형광 물질에 닿으면 빛을 낸답니다.

자외선은 우리 눈에 보이지 않지만, 자외선을 흡수한 형광 물질은 우리 눈에 보이는 가시광선을 방출합니다. 따라서 블랙라이트, 즉 보이지 않는 빛인 자외선을 비추면 물체에 포함된 형광 물질이 빛을 방출하고 우리는 눈에 보이지 않던 물체를 볼 수 있습니다.

그림 우리 눈에 보이지 않는 자외선을 뿜는 블랙라이트

● GFP: 자외선을 받아 빛을 내는 단백질

노벨 화학상을 받은 시모무라 오사무 박사가 평면해파리에서 추출한 초록색 형광 단백질 (GFP: green fluorescent protein)은 블랙라이트를 비추면 형광 초록색으로 빛난다.

얼음 설탕은 투명해 보이는데 설탕은 왜 흰색인가요?

 모든 무색투명한 물체는 가루로 만들면
하얗게 변한답니다.

물체의 표면에서 모든 빛이 반사와 굴절을 통해 전부 흩어져 버리면(산란) 그 물체는 우리 눈에 하얗게 보입니다. 무색투명한 유리도 잘게 부수면 하얗게 보이고, 소금 덩어리인 암염(rock salt)도 원래 색이 없고 투명하지만 가루 소금은 하얀색입니다.

원래 무색투명한 물체는 원래 모든 파장의 빛, 즉 모든 색의 빛을 흡수하지 않고 그대로 투과시킵니다.

하지만 가루가 되면 다음 그림과 같이 입자의 형태가 제각각으로 변해서 물체 표면에 닿은 입사광이 다양한 방향으로 반사되고, 투과하더라도 그 후에 다시 다른 입자에 닿아 이쪽저쪽으로 반사되어 여러 방향으로 흩어집니다. 빛이 이리저리 산란되면서 모든 파장의 빛이 우리 눈에 들어오기 때문에 물체가 하얗게 보이는 것이죠.

그림 **형태가 불규칙한 입자와 난반사**

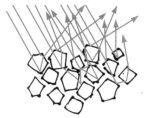

투명한 입자에 빛이 닿으면 일부는 반사되고, 일부는 굴절을 일으키며 입자를 투과한다. 물체를 투과한 빛도 다시 일부는 반사되고, 일부는 다른 입자를 투과한다. 이것이 바로 빛의 난반사(산란)다. 빛이 여러 방향으로 흩어지는 것이다.

반투명 유리는 왜 건너편이 보이지 않나요? 그리고 물을
뿌리면 반투명 유리도 잠깐은 투명해지는 이유가 궁금해요

 반투명 유리는 무색투명한 유리 표면을 거칠게 만들어서
빛이 지나는 방향을 마구 흐트러뜨려요. 그래서 건너편이
보이지 않는답니다.

울퉁불퉁한 반투명 유리 표면에 빛이 닿으면 빛이 여러 방향으로 반사되고 흩어져서(산란) 표면이 뿌옇게 보입니다. 또한 입사광도 직진하지 못하고 이리저리 꺾이기 때문에 건너편이 흐릿하게 보일 수밖에 없어요.

이때 거친 표면에 물을 뿌리면 빛의 산란이 줄어들어서 일시적으로 투명해지고 유리 건너편이 보입니다.

그림 반투명 유리 표면에서 일어나는 빛의 산란

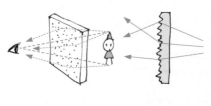

반투명 유리 표면에는 빛의 파장과 흡사한 미세한 요철이 있어서 요철의 방향을 따라 빛이 여러 방향으로 흩어지기 때문에 건너편 물체가 하얗게 보이며 또렷하게 볼 수 없다.

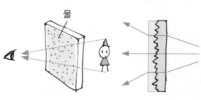

반투명 유리 표면에 물을 뿌리면 물이 형성한 막이 요철을 덮어 평평하게 만듦으로써 빛의 산란이 줄어든다. 그럼으로써 일시적으로 건너편이 또렷하게 보인다.

비단벌레의 날개는 어떻게 그렇게 화려한 색을 낼 수 있나요?

 비단벌레 날개의 색은 물감이나 염료의 색과는 달라요. 매우 미세한 구조로 인해 빛이 반사되면서 서로 간섭을 일으켜 만들어지는 구조색이기 때문에 화려하답니다.

일본산 비단벌레의 딱지날개는 전체적으로 금속광택을 내는 초록색과 붉은색의 무늬가 있습니다. 그런데 초록색 부분이든 붉은색 부분이든, 보는 방향에 따라서 색이 오묘하게 달라집니다.

비밀은 날개의 구조에 있습니다. 비단벌레의 딱지날개를 전자 현미경으로 관찰하면 그림과 같이 스무 겹에 가까운 각피층(cuticula)이 쌓여 있는 모습을 볼 수 있습니다. 층마다 미세한 요철이 있어서 빛의 회절, 다중 반사, 간섭이 일어나 복잡한 색을 만들어 냅니다.

그림 전자 현미경으로 관찰한 비단벌레의 날개

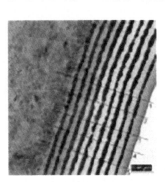

시각

Q 해를 쳐다보면 왜 눈이 부시나요?

A 우리 몸이 생체방어 반응을 일으키기 때문이에요.

해를 쳐다보면 태양광이 렌즈 역할을 하는 각막과 수정체를 지나 망막의 중심(황반)에 모입니다. 이렇게 빛이 매우 작은 한 점에 모이면 높은 에너지 밀도 때문에 자칫 망막 세포가 손상될 수도 있죠. 이처럼 태양광으로 인해 발생하는 염증을 **햇빛망막염**(solar retinitis)이라고 합니다.

과거에는 햇빛망막염의 원인이 태양광의 열 때문이라고 생각했지만, 1970년대 후반에 가시광선 중에서 파장이 짧은 빛, 즉 보라색과 파란색 빛이 망막에 닿아 일어나는 광화학반응이 원인이라는 사실이 밝혀졌습니다.

그래서 우리는 눈이 부시다고 느끼면 몸을 지키려는 본능에 따라 반사적으로 눈동자의 크기를 줄이고 눈을 감습니다. 이 반응을 **생체방어 반응**이라고 부릅니다.

그림 **눈의 구조**

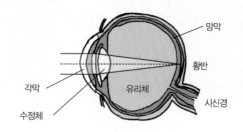

해를 쳐다본 후에 사람의 얼굴을 보면 약간 푸르스름
하게 보여요. 왜 그런가요?

 특정 색의 빛을 오래 쳐다보면 해당 색의 보색이 잔상으
로 보이는 보색 잔상 효과 때문이에요

특정 색을 한동안 바라보다 시선을 돌렸을 때 해당 색의 보색이 잔상으
로 보이는 현상은 누구나 한 번쯤은 겪어 봤겠죠. 이 현상을 보색 잔상이라
고 하는데, 예를 들면 빨간색 도형을 30초 동안 바라보다가 갑자기 눈을 돌
려 흰 벽을 보면 그 위에 시안 색깔의 잔상이 보이는 현상을 말합니다.

우리 눈은 망막 위에 기록된 영상 정보를 시신경을 통해 뇌로 전달하는
데, 이때 강한 자극을 받은 세포가 보내는 신호를 완화하려는 **측방 억제**
(lateral inhibition) 효과가 발생합니다.

태양광은 빨간색에서 초록색 사이의 파장이 강도가 세기 때문에 햇빛을
보면 측방 억제 효과에 따라 빨간색이나 초록색을 감지하는 시세포의 기능
이 억제됩니다. 이 측방 억제 효과는 한번 발생하면 금방 사라지지 않아서,
햇빛을 차단한 후에도 빨간색과 초록색의 보색인 시안과 마젠타 성분이 뇌
를 강하게 자극하여 잔상이 보이게 돼요.

그림 **눈의 보색 잔상 효과**

빨간색 도형을 한동안 바라본
후에는 도형을 제거해도 그 위
치에 시안 색깔의 도형이 잔
상으로 보인다. 이때 나타나는
잔상을 보색 잔상이라고 한다.

제5장

신기한 보석

보석은 어떻게 만들어질까요? 보석은 왜 아름다운 색으로 반짝이는 걸까요? 보석은 왜 단단할까요? 보석은 아름다운 만큼 신비한 비밀도 잔뜩 감추고 있습니다. 보석에 숨어 있는 신기한 수수께끼를 풀어 가다 보면 당신도 이과형 인간이 될 수 있답니다.

보석이란?

 Q 보석이란 무엇인가요?

 A 보석은 '장식품으로 쓰일 만큼 아름답고, 내구성과 휴대성을 겸비한 희소성 높은 천연 소재'라고 정의할 수 있어요.

일본 결정성장학회가 발간한 『結晶成長学辞典결정성장학 사전』〈共立出版〉에서는 보석을 '색, 투명도, 광택, 모양 등이 장식품으로 쓰일 만큼 아름답고, 일상생활에서 사용할 수 있는 내구성과 휴대성을 겸비했으며, 희소성이 높은 천연 소재'로 정의하고 있습니다. 다만 장식품으로 쓰일 만큼 아름다운지 아닌지는 보는 사람의 가치관과 관련된 문제이므로 인종과 지역에 따라 기준이 달라질 수 있어요. 따라서 어떤 소재가 보석인지 아닌지 정확히 판정하기는 어려운 일입니다.

반짝반짝 빛난다고 해서 다 보석은 아니에요.

보석은 돌인가요? 보석의 성분이 궁금해요.

 모든 보석이 돌은 아니에요. 보석에는 다양한 종류가 있어서 다이아몬드처럼 결정구조를 가진 광물이 있는가 하면, 진주처럼 생물에서 유래한 보석도 있답니다.

보석이라는 글자를 한자로 쓰면 寶石, 즉 돌이지만, 보석을 의미하는 영어 jewel은 라틴어 jocāle에서 유래했으며 '기쁨을 주는 것'이라는 의미입니다. 이 명칭에 돌이라는 의미는 없죠.

보석이라고 하면 대부분 다이아몬드와 같은 무기물을 떠올리지만 사실 진주나 산호 혹은 자개처럼 생물에서 유래한 유기물도 있습니다.

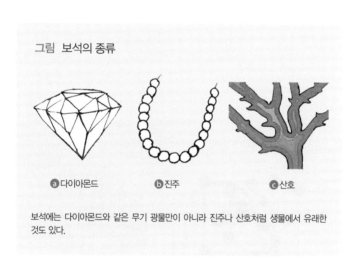

그림 보석의 종류

ⓐ다이아몬드　　ⓑ진주　　ⓒ산호

보석에는 다이아몬드와 같은 무기 광물만이 아니라 진주나 산호처럼 생물에서 유래한 것도 있다.

보석은 결정인가요?

 다이아몬드나 수정은 결정이지만 마노(아게이트)나 오팔처럼 비정질 고체인 보석도 있어요.

결정은 원자나 분자가 규칙적으로 배열된 3차원의 고체를 말합니다. 영어로는 crystal이라고 하며, 그리스어로 '아름답고 깨끗한 얼음'을 의미하는 단어에서 유래했죠. 예를 들어 다이아몬드는 탄소가 규칙적으로 배열된 3차원 결정으로, 그 결정구조에는 **다이아몬드 구조**라는 이름이 붙었어요(그림). 이 구조를 고려해서 세공 과정을 거치면 원자가 평면에 나열된 결정면 (facet)이 만들어지고 아름다운 빛을 냅니다. 그 밖에 다이아몬드처럼 결정 구조를 가진 보석으로는 이산화규소(SiO_2, 석영) 결정인 수정이 있습니다.

하지만 오팔이나 마노는 결정이 아닙니다. 오팔은 물을 함유한 작은 이산화규소 알갱이들이 무작위로 배열된 **비정질**(amorphous) 고체입니다. 다만 군데군데 배열이 규칙적인 부분에서 회절 현상이 일어나 무지개색으로

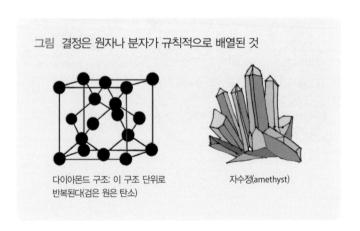

그림 결정은 원자나 분자가 규칙적으로 배열된 것

다이아몬드 구조: 이 구조 단위로
반복된다(검은 원은 탄소)

자수정(amethyst)

빛나는 특징이 있습니다.

또한 생물에서 유래한 비정질 보석도 있는데 대표적인 것이 진주입니다. 진주는 생체 물질인 비정질 막이 무기물을 핵으로 삼아 여러 겹으로 겹쳐져서 만들어지는데, 이 막에서 빛의 간섭이 일어나 진주 특유의 오묘한 색을 만들어 냅니다.

 보석은 장신구 외에 또 어떤 용도로 쓰이나요?

 정밀기계의 베어링, 레이저, 컴퓨터 부품과 같이 최첨단 제품에 활용하고 있어요.

우선 루비는 기계식 시계에서 베어링[44]의 마찰을 줄이기 위해 사용됩니다.

그림 1 정밀한 구조를 가진 시계 베어링에 쓰인 보석

시계 제조사 예거 르쿨트르의 크로노그래프[45]에는 다수의 보석이 쓰인다(붉은 동그라미).

---

44 회전 및 직선 운동을 하는 축을 지지하는 역할을 하는 기계 요소. —옮긴이
45 스톱워치 기능이 있는 손목시계. —옮긴이

그리고 다이아몬드는 이미 앞에서 설명했듯이 다른 금속의 경도를 측정하는 도구로 쓰입니다. 그 밖에도 다이아몬드의 미립자를 단단하게 뭉쳐서 만든 칼날은 단결정 실리콘을 자르는 다이아몬드 커터로 사용하기도 해요.

루비의 단결정은 루비 레이저의 중심부에 사용합니다. 루비 레이저는 제논(Xe)을 이용해 루비에 있는 크로뮴(Cr) 이온을 들뜬 상태로 만든 다음 유도방출시키는 원리를 이용한 레이저입니다.

그 밖에도 영어로 quartz라고 불리는 수정은 쿼츠 시계의 진동자로 쓰임으로써 시간의 기준이 되기도 합니다.[46]

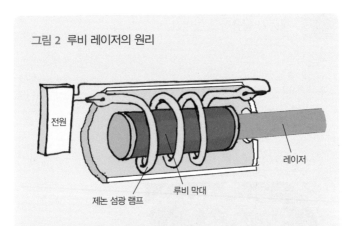

그림 2 루비 레이저의 원리

전원

레이저

제논 섬광 램프

루비 막대

루비 레이저는 제논 섬광 램프를 이용해 루비 막대 안에 있는 크로뮴의 전자를 들뜬 상태로 만들고 유도방출시켜 레이저광을 생성한다. 1958년 미국의 물리학자 찰스 타운스(Charles Hard Townes)와 아서 숄로(Arthur Lenoard Schawlow) 박사가 가능성을 제기했고, 1960년에 시어도어 메인먼(Theodore Mainman) 박사가 실험을 통해 개발했다. 레이저 시대의 막을 연 획기적인 발명품이다.

---

46 쿼츠 시계는 수정의 진동 주파수를 1초의 기준으로 하여 작동하는 시계다. —옮긴이

보석의 탄생

Q 보석은 어떻게 만들어지나요?

A 보석이 탄생하는 과정은 다양해요. 지구 깊은 곳에 있는 맨틀에서 높은 온도와 압력을 받아 합성된 화성암 속에서 만들어지기도 하고, 뜨거운 마그마에 닿아 변성된 수성암 속에서 만들어지기도 해요. 물속 퇴적층에서 생기거나 생물의 힘으로 만들어지는 보석도 있답니다.

다이아몬드는 주로 화성암 속에 들어 있습니다. 다이아몬드가 있는 화성암으로는 남아프리카에서 채굴되는 킴벌라이트(kimverlite)와 호주에 있는 램프로아이트(lamproite)가 있습니다.

다이아몬드는 녹는점이 무려 3,550℃에 달하기 때문에 액체 상태에서 생성되어 성장했다고 보기는 어렵습니다. 지하 150km 정도의 깊은 곳, 상부 맨틀에는 5만 기압, 1,300℃ 이상의 고온고압 상태인 마그마가 존재합니다. 이 마그마 속에 녹아 있던 탄소가 지각 변동으로 인해 갑자기 땅으로 솟구쳐 오른 다음 급속도로 식으면서 결정화하여 다이아몬드가 만들어졌을 거

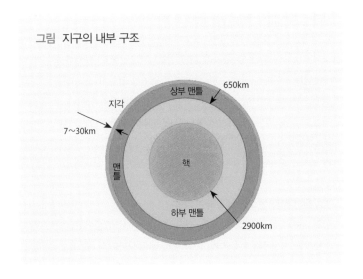

그림 지구의 내부 구조

라 추정하고 있어요.

한편 사파이어와 루비는 뜨거운 화성암에 닿은 퇴적암이 변성을 일으켜 만들어졌을 가능성이 크고요.

그 밖에 물속 침전물 속에서 생기는 오팔 같은 보석과, 조개가 몸에 들어 온 이물질을 체액으로 감싸 제 몸을 보호하려는 과정에서 만드는 진주 같 은 보석도 있습니다. 이처럼 보석이 탄생하는 과정은 매우 다양합니다.

 보석을 인공적으로 만들 수도 있나요?

 공업용으로 사용할 목적으로 보석을 제작하기도 해요

보석은 장식품뿐만 아니라 정밀기계의 부품이나 전자부품, 광학용 부품 으로도 활용됩니다. 하지만 천연 보석은 공업용으로 사용하기에는 가격이 비싸기 때문에 인공적으로 보석을 만들어 사용하죠.

천연 보석은 희소성이 있어 가격이 비싸지만, 공업용으로 만든 보석은 상대적으로 저렴할 뿐만 아니라 크게 만들 수도 있어요. 균일한 품질로 대 량 생산할 수 있다는 장점도 있고요. 결정 구조상 결함이 적은 인공 결정은, 결정 자체의 품질만 보면 천연 보석보다 품질이 좋기도 합니다. 요즘은 다 이아몬드, 수정, 루비, 사파이어 모두 인공적으로 만들 수 있습니다. 그러니 사실 '천연물이어야 한다'라는 조건은 보석의 필수 조건이 아니에요. 다만 천연 보석은 그 희소성 때문에 여전히 귀한 존재이기는 합니다.

● 인공 다이아몬드를 제조하는 방법

천연 다이아몬드 결정은 고온·고압의 환경에서 만들어집니다. 그래서 텅스텐 카바이드(WC) 용기에 탄소 동소체(그래파이트, 즉 흑연)를 넣고

피스톤 실린더 장치를 이용해 5~6만 기압을 가하는 동시에 그래파이트 히터를 이용해 1,300℃ 이상의 고온으로 가열하는 방법이 고안되었어요.[47]

하지만 이와 같은 고압 방법으로는 지름이 1인치가 넘는 다이아몬드 웨이퍼[48]는 만들 수 없었습니다. 그래서 화학기상증착법(CVD)으로 다이아몬드를 합성하는 방법이 개발되었고, 현재는 6인치 이상의 웨이퍼도 만들 수 있답니다.

● 인공 수정을 제조하는 방법

수정은 고온·고압의 수용액에 종자 결정을 넣어 그 위에 결정을 석출시켜 만듭니다. 이를 '수열 합성법'이라고 불러요.

그림 인공 수정의 수열 합성법과 쿼츠 진동자

공장의 오토클레이브(고온·고압 반응 용기)에서 인공 수정을 무려 1,000개 정도나 동시에 만들 수 있다.

쿼츠 진동자

---

47 이를 고온·고압법(HPHT: high pressure high temperature)이라고 한다. 현재도 다이아몬드를 제조하는 데 쓰이는 방법이다. —옮긴이
48 웨이퍼란 집적회로를 만드는 데 사용하는 주요 재료다. 다이아몬드로 웨이퍼를 만들면 일반적인 실리콘 웨이퍼보다 열전도율이 높아 방열판으로 사용할 수 있다. —옮긴이

보석의 색과 빛

Q 보석은 어떻게 다양한 색을 띨 수 있는 건가요?

A 루비나 사파이어는 결정 속에 있는 약간의 불순물이 빛을 흡수하기 때문에 색이 나타나요. 또한 자수정은 결정 속에 있는 결함이 광흡수를 일으키고, 오팔은 회절과 간섭 때문에 특유의 색을 띠게 된답니다.

● 소량의 크로뮴이 만드는 루비의 분홍색

루비나 사파이어의 원석인 강옥(corundum)은 산화알루미늄(Al_2O_3)이며 결정은 무색투명합니다. 하지만 강옥 속에 함유된 알루미늄 중 약 0.1%가 크로뮴으로 치환되면 루비가 되고 분홍색을 띱니다.

루비의 광투과 스펙트럼 그래프를 보면 루비의 투과율은 노란색과 초록색 사이, 그리고 보라색에서 매우 낮습니다. 따라서 투과되는 빛은 빨간색에 시안이 조금 섞인 마젠타가 되죠.

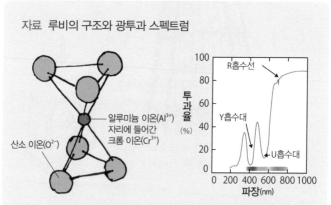

자료 **루비의 구조와 광투과 스펙트럼**

크로뮴 이온(Cr^{3+})의 전자가 화살표가 가리키는 파장의 빛을 흡수해서 들뜬 상태가 된다. 루비는 상대적으로 흡수량이 적은 빨간색과 시안이 섞여 분홍색을 띠게 된다.

● 함유된 금속에 따라 색이 달라지는 녹주석

녹주석(beryl)은 베릴륨(Be)과 알루미늄(Al)을 함유한 규산염으로, 화학식은 $Be_3Al_2Si_6O_{18}$입니다. 녹주석의 알루미늄을 2가 철(Fe^{2+})로 치환하면 옅은 파란색을 띤 아쿠아마린이 되고, 3가 철(Fe^{3+})로 치환하면 노란색을 띤 헬리오도르나 골든 베릴이 됩니다. 또한 2가 망가니즈(Mn^{2+})가 들어오면 분홍색을 띤 모가나이트, 3가 망가니즈(Mn^{3+})가 들어오면 진홍색의 레드 베릴, 3가 크로뮴(Cr^{3+})이 들어오면 초록색을 띤 에메랄드가 되죠.

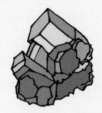

그림 1 녹주석(베릴)

● 소량의 크로뮴이 만드는 에메랄드의 초록색

루비와 에메랄드가 색을 띠는 원인은 둘 다 소량의 불순물인 크로뮴 때문입니다. 그런데 같은 크로뮴이 왜 루비에서는 분홍색을 만들고 에메랄드에서는 초록색을 만드는 걸까요?

색이 나타나는 원인을 조금 더 자세히 살펴봅시다. 색은 크로뮴에 있는 짝을 이루지 않은 전자 3개가 빛을 흡수해서 고에너지 상태로 들뜨는 '결정장 갈라짐' 현상 때문에 나타납니다. 다만 들뜬 상태의 에너지는 크로뮴을 둘러싼 주위 환경(결정장)에 따라 달라집니다. 어떤 결정이든 크로뮴은 6개의 산화물 이온이 만든 비틀린 팔면체에 둘러싸여 있지만, 에메랄드는 강하게 흡수하는 파장이 루비보다 약간 긴 파장 쪽으로 치우쳐 있습니다. 따라서 루비는 빨간색 빛을 투과시키고 초록색 빛을 흡수하지만, 에메랄드는 빨간색 빛을 흡수하고 초록색 빛을 투과시킵니다. 더 자세히 알고 싶다면 다음의 웹페이지를 참고하세요.

http://www.webexhibits.org/causesofcolor/6AB.html

● 소량의 철과 타이타늄이 만드는 블루 사파이어의 푸른색

강옥에 소량의 철과 타이타늄이 더해지면 빨간색에서 초록색 사이의 빛을 흡수해서 짙은 파란색을 띠게 됩니다. 이런 상태의 보석을 블루사파이어라고 합니다.

철과 타이타늄 모두 강옥(Al_2O_3)의 알루미늄 부분과 치환되는데, 3가 알루미늄을 2가 철(Fe^{2+})과 4가 타이타늄(Ti^{4+})으로 치환하면 전체 전하의 중성을 유지할 수 있습니다. 이때 빨간색에서 초록색 사이의 빛을 흡수한 전

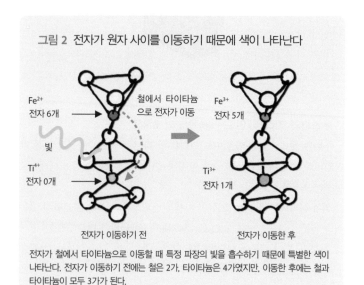

그림 2 전자가 원자 사이를 이동하기 때문에 색이 나타난다

Fe^{2+}
전자 6개

철에서 타이타늄으로 전자가 이동

Fe^{3+}
전자 5개

빛

Ti^{4+}
전자 0개

Ti^{3+}
전자 1개

전자가 이동하기 전

전자가 이동한 후

전자가 철에서 타이타늄으로 이동할 때 특정 파장의 빛을 흡수하기 때문에 특별한 색이 나타난다. 전자가 이동하기 전에는 철은 2가, 타이타늄은 4가였지만, 이동한 후에는 철과 타이타늄이 모두 3가가 된다.

자 1개가 철에서 타이타늄으로 이동하고 철도 3가(Fe^{3+}), 타이타늄도 3가
(Ti^{3+})가 되어 이때도 전하의 균형이 유지됩니다. 이 과정을 화학반응식으
로 쓰면 다음과 같습니다.

$$Fe^{2+}+Ti^{4+} \rightarrow Fe^{3+}+Ti^{3+}$$

블루사파이어는 위 화학식과 같은 전하 이동이 발생해 푸른색을 띠게 됩
니다. 마찬가지로 라피스 라줄리의 짙은 파란색도 황 원자 사이에서 일어나
는 전하 이동 때문에 생기는 색깔이에요.

● 소량의 철이 만드는 자수정(amethyst)의 마젠타

수정은 석영(SiO_2)이 결정화된 광물입니다. 결정 자체는 무색투명하지만
소량의 불순물이 섞이면 색이 나타나기도 하죠. 자수정은 545nm 파장의 빛
을 중심으로 한 초록색 빛을 흡수하기 때문에 투과되는 빛은 초록색의 보
색인 마젠타입니다.

다만 자수정은 자외선을 비추면 초록색 흡수대가 사라져(즉 초록색을 흡
수하지 않아서) 무색투명해집니다. 공기 중에서 열처리를 해도 색이 사라
지고요.

자수정의 흡수대는 규소와 치환된 4가 철 이온(Fe^{4+})과 수정이 함유한 산
소의 영향을 받습니다. 이 반응을 화학식으로 나타내면 다음과 같습니다.

$$Fe^{4+}+O^{2-} \rightarrow Fe^{3+}+O^{-}$$

반응식에서 알 수 있듯이, 산화물 이온의 전자가 초록색 빛을 흡수해서
4가 철 이온 쪽으로 이동합니다. 이때 자외선을 비추면 산화물 이온 O^{2-}의
전자가 들뜬 상태가 되어 O^{-}이 되기 때문에 전하 이동이 일어나지 않고 색
이 사라지는 것입니다. 또한 공기 중에서 열처리를 해도, 철이 산화되어 처
음부터 Fe^{3+} 상태로 되기 때문에 위 화학식과 같은 반응이 일어나지 않아서

색이 사라지게 됩니다.

● 알루미늄과 산소의 결합이 만드는 연수정의 회색

소량의 알루미늄을 함유한 수정에 방사선을 비추면 회색이나 옅은 갈색으로 탁해진 연수정이 생깁니다. 규소가 알루미늄(Al^{3+})으로 치환되고, 방사선 때문에 산소 구멍(산소가 빠진 자리)이 생기면서 복합적인 결함이 발생하는데 이 결함이 빛을 흡수해서 연수정이 회색을 띠게 되는 것입니다.

● 오팔의 색은 구조색

오팔은 145쪽 그림 3의 ⓐ에 제시한 사진처럼 가지각색의 무지개색으로 빛나고, 게다가 보는 방향에 따라서도 색이 달라집니다. 이와 같은 신기한 현상을 유색 효과(play of color)라고 합니다. 오팔에서 유색 효과가 나타나는 이유는 오팔의 색이 루비나 사파이어와 달리 주기 구조(periodic structure)에 의한 빛의 회절 현상으로 만들어지는 구조색이기 때문입니다.

오팔에서 반짝반짝 빛나는 부분의 구조를 전자 현미경으로 보면 ⓑ와 같이 지름 수백 nm의 작은 실리카 알갱이가 규칙적으로 배열되어 한 층을 이루고 있는 모습을 볼 수 있습니다. 오팔은 이러한 층이 반복적으로 쌓여 만들어진 3차원의 거대한 결정 구조인 것입니다. 이때 ⓒ처럼 아래층에서 반사된 빛과 위층에서 반사된 빛의 광행로차[49]가 파장의 정수배만큼 차이가 나면 보강간섭이 일어나 유색 효과가 나타납니다. 이 거대한 구조를 광결정(photonic crystal)이라고 합니다.

이때 실리카 알갱이의 크기가 작을수록 면과 면의 간격이 좁아져서 짧은 파장의 빛이 반사되고 파란색으로 보입니다. 반대로 실리카 알갱이의 크기가 크면 면 간격이 넓어져서 붉은색으로 보입니다.

---

49 2개로 나뉜 빛이 다시 합성될 때까지의 광학거리의 차. ─옮긴이

그림 3 오팔의 색이 나타나는 원리

ⓐ 무지개색으로 빛나는 오팔(유색 효과)

ⓑ 전자 현미경으로 본 오팔의 내부 구조
(1만 6,000배)

(사진: 주식회사 교세라)

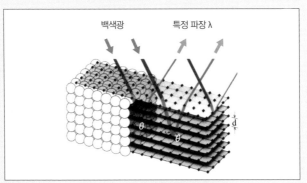

백색광   특정 파장 λ

ⓒ 오팔의 색이 나타나는 원리

백색광이 비스듬하게 들어오면 특정 파장의 빛만 선택적으로 반사된다. 이 현상을 브래그(Bragg) 반사라고 하며, 이때 작은 알갱이가 배열된 면과 면의 간격을 d라고 하면 $2d\sin\theta = n\lambda$의 관계가 성립해 파장이 λ인 빛만이 회절한다.

(사진: 주식회사 교세라)

보석은 왜 반짝반짝 빛나는 건가요?

 전반사가 일어나도록 세공하기 때문이에요.

보석이 반짝이는 이유의 비밀은 세공, 다른 말로 컷팅에 숨어 있습니다. 가장 널리 알려진 컷팅 방식으로는 다음 그림에서 소개하는 **라운드 브릴리언트 커트**(round brilliant cut)가 있습니다. 보석을 58면체로 만드는 이 복잡한 방식으로 원석을 세공하면 빛이 어떤 면을 통해 결정으로 들어가더라도 반드시 어느 한 절단면(facet)에서는 전반사되기 때문에 항상 반짝일 수 있는 거죠.

또한 컷팅이 잘 되면 비스듬하게 잘린 면으로 들어오는 입사각을 항상 전반사의 임계각 이상으로 유지할 수 있어서 들어온 빛을 전부 반사할 수 있습니다.

일반적으로 굴절률이 높을수록 빛이 나는데, 반사율이 높을 뿐만 아니라 입사각이 작아도 모두 전반사가 가능하기 때문입니다.

그림 라운드 브릴리언트 커트 방식으로 가공한 다이아몬드

테이블(table)

크라운(crown)

파빌리온(pavilion)

표 보석의 굴절률

보석명	굴절률	보석명	굴절률
다이아몬드	2.42	토르말린(전기석)	1.62
가넷	1.70	에메랄드	1.57~1.58
사파이어, 루비	1.76~1.77	수정	1.54~1.55
스피넬(첨정석)	1.717	오팔	1.42~1.47

Column

전반사란 무엇인가

빛이 굴절률 n인 물질에서 굴절률 n_0인 물질로 들어갈 때의 굴절하는 각도를 생각해 봅시다. 입사각을 θ(그리스 문자로, 세타라고 읽습니다), 굴절각을 θ_0라고 하면 다음과 같은 **스넬의 법칙**(snell's law)이 성립합니다.

$$n \sin\theta = n_0 \sin\theta_0$$

이때 n을 다이아몬드의 굴절률이라고 하면 n=2.42이고, n_0을 공기의 굴절률이라고 하면 n_0=1입니다. 이 값을 위 식에 대입하면 $2.42\sin\theta=\sin\theta_0$이므로 여기서 θ_0가 90°, 즉 $\sin\theta_0$=1일 때의 입사각 θ가 임계각 θ_c입니다. 이 경우에는 다음과 같습니다.

$$\sin\theta_c = \sin\theta_0/2.42 = 1/2.42 = 0.413$$

따라서 다이아몬드의 임계각 θ_c는 24°입니다. 24°보다 입사각이 크면 굴절의 법칙이 성립하지 않아서 전반사가 일어납니다.

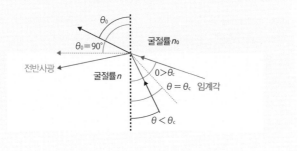

다이아몬드는 왜 다른 보석보다 단단한가요?

 결정의 결합력이 강해서 탄성 계수가 크기 때문이에요.

단단함, 즉 굳기를 측정하는 기준 중 하나인 모스 굳기는 두 가지의 고체를 서로 마찰시켰을 때 어느 쪽에 긁힌 상처가 생기는지로 판정합니다. 다시 말해 상대 물체의 표면과 상호 작용을 일으켜서 어느 쪽의 분자나 원자가 벗겨지는지(박리)로 판단하는 거죠. 일반적으로 원자 결합이 안정적이고 강할수록 분자나 원자가 잘 벗겨지지 않습니다. 모스 굳기라는 기준이 생겼을 때는 이 기준에서 가장 단단한 물질이 다이아몬드였기 때문에 다이아몬드의 굳기가 가장 높은 10으로 정해졌습니다.

다이아몬드는 탄소만으로 이루어진 물질이며 모든 탄소 원자는 다른 탄소 원자의 정사면체로 둘러싸여 있습니다. 다이아몬드의 모든 원자들은 공유결합으로 매우 안정적이면서도 강하게 연결되어 있습니다.

149쪽 표를 보면 결합의 세기(응집 에너지)와 굳기 사이에 어느 정도 관계가 있는 듯도 하지만, 일반적으로 결합의 세기와 굳기를 직접 연관 짓지는 않습니다. 예를 들어 결합의 세기를 보여 주는 응집 에너지를 보면 다이아몬드는 원자(atom)당 7.37eV지만, 모스 굳기가 더 낮은 텅스텐은 8.59eV에 달하니까요. 따라서 굳기는 결합력만으로 정해지는 성질이 아닙니다.

한편 굳기와 탄성 계수 사이에도 어느 정도 상관관계가 있음을 알 수 있습니다. 탄성 계수는 물체에 힘을 가했을 때 변형에 저항하는 정도를 나타내는 물리량으로, 다이아몬드의 탄성 계수는 443GPa이고 텅스텐은 323GPa입니다.

종합해서 말하자면 다이아몬드는 원자 간 결합이 강하고 탄성 계수가 크기 때문에 다른 물질보다 단단하다고 말할 수 있겠네요.

표 다양한 물질의 모스 굳기와 물성치

물질	모스 굳기	응집 에너지 (eV/atom)	물적 탄성 계수 (GPa)
다이아몬드	10	7.37	443
크로뮴	9	4.10	190
텅스텐	7.5	8.59	323
이리듐	6~6.5	6.94	355
철	4~5	4.28	168
금	2.5~3.0	3.81	58
암염	1.25	3.98	240
마그네슘	2	1.51	35

Column

eV와 GPa

● 에너지의 단위 eV

전자가 1V의 전위차를 통과해 움직였을 때 얻을 수 있는 에너지의 단위를 eV라고 합니다. 전자볼트(electron volt)라고 읽습니다. $1eV = 1.9 \times 10^{-19}J$이며(J는 줄이라고 읽습니다) 1J은 1N(뉴턴)의 힘이 물체에 작용했을 때 작용한 방향으로 1m 움직이는 동안 한 일을 의미합니다.

● 탄성 계수의 단위 GPa

1Pa(파스칼)은 1N의 힘이 $1m^2$의 면적에 가해졌을 때의 압력을 의미합니다. 체적이 v인 물체에 ΔP만큼의 압력이 가해졌을 때 해당 물체의 체적이 Δv만큼 변했다면 체적 탄성 계수 K는 $K = \Delta P / (\Delta v / v)$로 정의할 수 있습니다. 이때 $\Delta v / v$는 단위가 없기 때문에 K의 단위는 ΔP과 같은 Pa이 됩니다. 참고로 GPa은 $10^9 Pa$이고 이를 기압으로 환산하면 약 10,000기압입니다.

제6장

신기한 전기

우리의 생활에 없어서는 안 될 중요한 전기. 전기는 어떻게 생기는 걸까요? 형광등은 어떻게 켜지고, LED의 원리는 뭘까요? 우리 생활에 밀접한 전기에 관한 궁금증을 풀어 봅시다!

 **전기의 생성**

 전신주를 통해 집으로 들어오는 전기는 어떻게 만들어지나요?

 물의 힘으로 수차를 돌리거나 증기의 힘으로 터빈을 돌려서 얻는 회전력을 발전기로 보내서 전기로 바꾼답니다.

발전기는 회전 에너지를 전기 에너지로 바꾸는 기계입니다. 그림 1에서처럼 2개의 코일 사이에 있는 자석이 회전하면 자력의 변화가 발생하고, 패러데이의 전자기 유도 법칙[50]에 따라 코일에 전압이 걸립니다.

그림 1 발전기의 원리

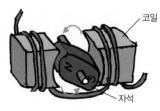

코일

자석

자석이 회전하면 코일에
전류가 흐른다

● **수력발전소**

수력발전은 댐으로 가두어 둔 물을 높은 곳에서 낮은 곳으로 떨어뜨려서 발생하는 힘으로 수차(水車)를 돌리면 수차와 축으로 연결된 발전기가 돌아가 전기를 생산하는 방식입니다. 다시 말해 댐 위쪽 수면과 아래쪽 방수로 수면의 높이 차이 때문에 생기는 위치 에너지를 전기 에너지로 바꾸는 거죠. 수력발전의 발전량은 높이 차이와 수량에 따라 결정됩니다.

---

50 자기장의 양이 변화하면 기전력(쉽게 말해 전압을 발생시키는 힘)이 발생한다는 법칙이다. ─옮긴이

그림 2 수력발전소의 구조

● 화력발전소

화력발전은 보일러 안에서 석탄과 석유를 태워 수증기를 발생시키고,[51] 이 수증기가 터빈을 돌림으로써 터빈과 축으로 연결된 발전기가 돌아가 전기를 만드는 방식입니다. 다시 말해 수증기가 가진 열 에너지를 전기 에너지로 바꿉니다. 이때 수증기의 온도는 500℃ 이상이며 터빈의 회전수는 1초에 50~60회 정도입니다.

그림 3 화력발전소의 구조

---

51 다만 화력발전은 석탄이나 석유를 태우기 때문에 이산화탄소 배출이라는 문제가 따른다.

● 원자력발전소

원자력발전소는 우라늄이 핵분열을 할 때 발생하는 열로 물을 끓여 수증기를 발생시키고 이것으로 발전기 터빈을 돌리는 방식입니다. 비등수형 원자로(BWR)는 원자로에서 터빈까지 직접 증기를 보내고, **가압수형 원자로(PWR)**는 간접적으로 다른 계통의 증기 흐름을 이용한다는 차이가 있습니다. 물론 어느 방식이든 중심부(노심)는 이중으로 된 밀폐용기로 감싸 방사선이 새어 나오지 못하는 구조입니다. 안쪽 밀폐용기를 원자로 압력용기, 바깥쪽을 감싼 부분을 원자로 격납용기라고 부릅니다.

바로 이 안에서 핵분열이 일어납니다. 우라늄-235[52]의 원자핵이 중성자를 흡수하면 일시적으로 우라늄-236이 되고, 원자핵이 2개로 분열되면서 다수의 중성자가 고속으로 방출됩니다. 이때 핵자(양성자+중성자)를 이어주던 결합 에너지가 열의 형태로 방출됩니다. 핵분열로 방출된 중성자는 다시 다른 우라늄-235에 흡수되어 또 핵분열을 일으키고, 이런 식으로 새로운 핵분열이 계속 이어집니다. 이 현상을 **핵분열 연쇄반응**이라고 합니다. 원자력발전은 핵분열 연쇄반응이 천천히 일어나도록 제어해서 계속 에너지를 얻습니다.[53] 이 과정에서 반응이 급격히 일어나지 않도록 그래파이트로 만든 제어봉이 중성자의 수를 제어합니다.

그림 4 **우라늄의 핵분열 반응**

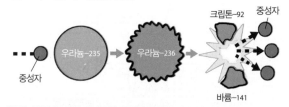

핵분열이 일어나면 방사능을 함유한 생성물이 발생한다. 따라서 원자력발전에는 항상 핵폐기물 처리 문제가 따른다.

---

52 우라늄 뒤에 붙은 숫자는 양성자와 중성자의 개수를 말한다. 원소기호로는 ^{235}U로 쓴다. ―옮긴이
53 핵분열 연쇄반응이 빠르게 이어지도록 만들면 핵폭탄이 된다. 원자로에서는 천천히 진행시킴으로써 계속적으로 열(에너지)을 얻는다. ―옮긴이

그림 5 원자력발전소의 구조

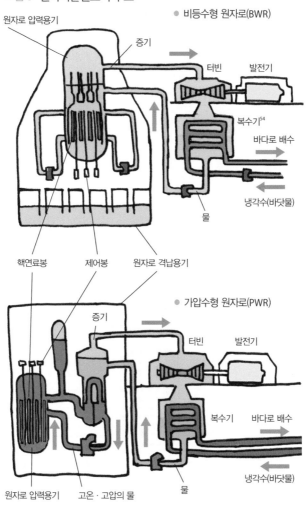

비등수형 원자로(BWR)

원자로 압력용기
증기
터빈
발전기
복수기[54]
바다로 배수
냉각수(바닷물)
물
핵연료봉
제어봉
원자로 격납용기

가압수형 원자로(PWR)

증기
터빈
발전기
복수기
바다로 배수
냉각수(바닷물)
물
원자로 압력용기
고온·고압의 물

---

54 터빈을 경유한 배출 증기를 효과적으로 응축시키는 장치. ─옮긴이

전지의 원리가 궁금해요. 발전기도 없는데 어디서 전기가 생기는 건가요?

 충전할 수 없는 전지가 가진 기전력은 전해질과 전극 사이의 화학반응을 통해 생성돼요. 반면 충전할 수 있는 전지는 전극과 전해질 사이를 이동하는 이온을 이용해서 전기를 만든답니다.

● 충전할 수 없는 전지(1차 전지)

대표적으로 망가니즈 건전지[55]와 알칼리 건전지에 대해 알아봅시다.

● 망가니즈 건전지

망가니즈 건전지는 아연과 전해질[56]의 화학반응을 통해 전기를 만들고, 이 반응으로 생긴 수소를 이산화망가니즈가 물로 바꿉니다. 이 과정을 자세히 살펴보겠습니다.

(1) 우선 아연통(그림 1의 ❹)에서 아연이 이온 상태(Zn^{2+})가 되어 전해

그림 1 **망가니즈 건전지의 구조와 각 부분의 소재**

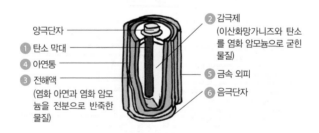

양극단자
❶ 탄소 막대
❹ 아연통
❸ 전해액
(염화 아연과 염화 암모늄을 전분으로 반죽한 물질)

❷ 감극제
(이산화망가니즈와 탄소를 염화 암모늄으로 굳힌 물질)
❺ 금속 외피
❻ 음극단자

---

55 망가니즈의 원소기호는 Mn으로, 예전에는 망간이라고 불렀으나 지금은 망가니즈로 용어가 개정되었다. 아직까지는 일반적으로 망간 건전지라고 부르지만, 이 책에서는 개정된 용어를 사용한다. ─옮긴이
56 용매에 녹였을 때 그 용액이 전기 전도성을 띠게 하는 물질. 전해질을 녹인 용액을 전해액이라고 한다.

액(**❸**) 속으로 들어가면 염화 암모늄과 반응해서 염화 아연($ZnCl_2$)과 암모늄 이온(NH_4^+)이 됩니다. 따라서 아연통은 전자를 받아 ($-$)전기를 띱니다.

(2) 암모늄 이온은 탄소 막대(**❶**)에서 전자를 받아 암모니아(NH_3)가 되지만, 다시 물(H_2O)과 결합해서 수산화암모늄(NH_4OH)과 수소(H_2)가 됩니다. 이에 탄소 막대는 전자를 방출하여 ($+$)전기를 띱니다.

(3) 이때 발생한 수소 가스가 탄소 막대를 감싸 반응을 막는 현상을 방지하기 위해 이산화망가니즈(MnO_2)를 사용합니다. 수소 가스와 이산화망가니즈가 반응해 수소 가스는 산화되어 다시 물이 되고, 이산화망가니즈는 산화망가니즈(MnO)가 되죠. 건전지를 계속 사용함에 따라 이산화망가니즈가 떨어져 수소의 산화 작용이 더 이상 일어나지 않으면 전지의 수명이 다하게 됩니다.

● 알칼리 건전지

알칼리 건전지는 전해액으로 염화 암모늄 대신 전류가 더 잘 흐르는 물질인 수산화칼륨(KOH)을 사용합니다. 수산화칼륨이 **강한 알칼리성**을 띠기 때문에 알칼리 건전지라는 이름이 붙었어요. 가운데 넣은 아연봉이 양극, 이산화망가니즈와 탄소로 만든 통이 음극입니다. 또한 상대적으로 내부 저항이 낮아서 큰 전류를 얻을 수 있습니다.

그림 2 **알칼리 건전지의 구조와 각 부분의 소재**

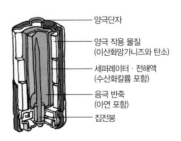

양극단자

양극 작용 물질
(이산화망가니즈와 탄소)

세퍼레이터 · 전해액
(수산화칼륨 포함)

음극 반죽
(아연 포함)

집전봉

● 충전할 수 있는 전지(2차 전지)

이번에는 대표적인 2차 전지인 납축전지와 리튬 이온 전지에 대해 살펴봅시다.

● 납축전지

납축전지는 역사가 가장 오래된 2차 전지입니다. 지금도 자동차나 오토바이용 배터리, 병원이나 공장 건물의 비상용 전원, 컴퓨터 백업용 전원으로 쓰입니다. 납축전지는 음극인 납과 양극인 이산화납이 묽은 황산에 잠겨 있는 매우 단순한 구조로, 화학식으로는 $Pb|H_2SO_4|PbO_2$로 표현할 수 있습니다.

납축전지가 방전될 때는 납(Pb)이 묽은 황산(H_2SO_4)과 반응해서 전극 주변에 황산 납($PbSO_4$)이 석출되고, 용액 속에 수소 이온(H^+)이 증가합니다. 이때 납은 납 이온(Pb^{2+})이 되어 반응하기 때문에 음극에서 전자가 방출됩니다. 한편 양극에서는 흘러들어오는 전자를 이용해서 수소 이온과 묽은 황산이 이산화납(PbO_2)과 반응하고, 황산 납과 물이 생성됩니다.

반대로 충전될 때는 음극에 있는 황산 납이 전자를 얻고 환원되어 다시 납이 됩니다. 이때 양극에서는 황산 납과 물이 반응을 일으켜 이산화납이

그림 3 **납축전지의 원리**

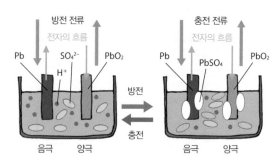

생성되고, 이때 전자가 양극에서 흘러나옵니다.

● 리튬 이온 전지

리튬 이온 전지는 양극재로 리튬코발트산화물($LiCoO_2$)을, 음극재로 탄소를 사용하며 각 극판이 여러 층으로 쌓인 구조입니다. 각각의 전지는 단독으로 셀(cell)이라고 하며 노트북과 같은 기기는 다수의 셀을 합쳐서 원하는 전압과 용량을 얻습니다.

리튬 이온 전지의 가장 큰 특징은 리튬 이온(Li^+)이 양극재인 리튬코발트산화물과 음극재인 탄소 사이를 오가며 충전과 방전을 반복할 수 있다는 점입니다.

그림 4 **리튬 이온 전지의 원리**

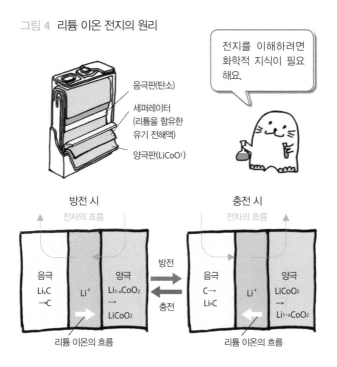

태양전지는 어떻게 전기를 만드나요? 태양전지에 전기를 모아 저장할 수는 없나요?

 태양전지는 빛을 전기로 바꾸는 반도체를 이용해서 전기를 만들어요. 다만 전기를 모아 둘 수는 없답니다.

태양전지는 반도체로 만든 장치입니다. 빛을 전기로 바꿀 수 있지만 그렇게 만든 전기를 모아 둘 수는 없습니다. 그러니 사실 더 정확히 표현하자면 태양전지가 아니라 '태양광발전기'라고 하는 편이 맞겠네요.

그림 1 **태양전지의 원리**

반사 방지막 / 태양빛 / 앞면 전극 / n형 반도체 / p형 반도체 / 뒷면 전극 / p-n접합 경계면에서 전자와 양공[57]을 생성

그림 2 **태양전지를 설치한 집**

토막상식

태양전지는 반도체다

태양전지는 LED와 똑같은 반도체 다이오드로 p-n접합 장치를 사용합니다. p-n접합은 n형과 p형이라는 두 종류의 반도체를 합친 장치를 말합니다. p-n접합 경계면 부근에 빛을 비추면 음전하를 가진 전자와 양전하를 가진 양공이 발생하고, 접합부에서 발생하는 전위차(이를 확산 전위라고 합니다)에 의해 전자는 n형 반도체 쪽으로, 양공은 p형 반도체 쪽으로 흘러가서 전기가 만들어집니다. 어려운 이야기이니 참고로만 알아 두면 됩니다.

---

57 전자가 차지할 수 있는 자리에 전자가 없어서 생길 빈 공간. 주로 전기 흐름에서 (+)전하의 캐리어(운송자)로 사용된다. —옮긴이

Q 정전기는 왜 생기는 건가요?

A 특정 원인 때문에 물체 표면에 전하가 모였다가 흘러 나가지 못했을 때 정전기가 발생해요. 마찰 대전의 원인으로 압전 효과가 원인이라고 추측된답니다.

종류가 다른 두 물체가 접촉했다가 떨어졌을 때 한쪽은 (+)전기, 다른 한쪽은 (−)전기를 띠는 현상을 마찰 대전이라고 합니다. 이때 두 물질 중에 어느 쪽이 (+)전기를 띠는지를 경험적 결과에 따라 정리해 나열한 것이 아래 자료의 **대전열**(帶電列)인데요. 대전열 앞쪽에 있는 물질일수록 마찰 시 (+)전기를 띠고, 뒤쪽에 있는 물질일수록 (−)전기를 띱니다. 예를 들어 울 소재의 바지를 입고 폴리에스터 소재의 소파에 앉으면 어떻게 될까요? 울은 (+)전기를, 폴리에스터는 (−)전기를 띱니다.

자료 대전열

⊕ 사람의 피부 > 가죽 > 유리 > 석영 > 운모[58] > 사람의 머리카락 > 나일론 > 목재 > 울 > 납 > 실크 > 알루미늄 > 종이 > 면 > 철(0) > 호박 > 아크릴 > 폴리스타이렌 > 고무풍선 > 송진 > 경질 고무 > 니켈·구리 > 황 > 놋쇠·은 > 금·백금 > 아세테이트[59] · 레이온 > 합성고무 > 폴리에스터 > 발포 스티롤[60] > 랩(wrap) > 폴리우레탄 > 폴리프로필렌 > 염화비닐 > 실리콘 고무 > 에보나이트[61] **⊖**

● 마찰 대전이 발생하는 원인

이론적으로 아직 완벽하게 해명되지는 않았지만 다음과 같이 추정할 수 있습니다. 물질이 서로 닿는 순간 두 물질 사이에서 화학적 결합이 발생해 전하가 이동합니다. 이때 물체가 다시 떨어지면 한쪽 물질은 전자(음전하)

---

58 화강암 가운데 많이 들어 있는 규산염 광물의 하나. −옮긴이
59 합성섬유의 일종. −옮긴이
60 쉽게 말해, 스티로폼이다. −옮긴이
61 천연 고무에 황을 첨가한 가황 고무. −옮긴이

를 끌어당기고, 다른 쪽은 전자를 방출하기 때문에 전기를 띠게 된다고 생각됩니다.

또한 절연체인 세라믹에 충격(압력)을 가하면 전기가 발생하는 **압전 효과**도 마찰 대전이 일어나는 원인일 수 있습니다. 압전 효과는 우리 일상에서도 흔히 볼 수 있는 현상으로, 가스레인지에 불을 붙일 때나 라이터를 켤때 압전 효과를 이용합니다.

● 정전기가 발생하면 불꽃이 튀는 이유

정전기가 발생해서 땅 위에 서 있는 우리 몸이 전기를 띤 상태(대전된 상태)가 되면 전하는 땅으로 흘러 들어갑니다. 그런데 이때 지면과 전위가 같은 금속 손잡이를 만지면 그쪽으로 방전될 수 있고, 이때 전위차가 크게는 1만 볼트에 달하기 때문에 불꽃이 튑니다.

● 건조할 때 정전기가 더 잘 발생하는 이유

마찰로 인해 정전기가 발생해도 바로 전하가 이동해 버리면 우리는 정전기를 느낄 수 없습니다. 따라서 습도가 높은 공기에서는 전기가 잘 전달되기 때문에 전하가 바로 이동해서 정전기를 느끼지 못해요. 반면 건조한 공기 중에서는 전기가 잘 전달되지 않아서 전하가 그대로 쌓이기 때문에 정전기가 발생하고 이를 느낄 수 있죠.

그림 **마찰하면 정전기가 발생하는 이유**

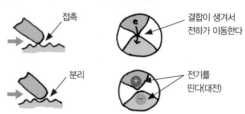

접촉

결합이 생겨서
전하가 이동한다

분리

전기를
띤다(대전)

플라스틱 책받침으로 머리카락을 문지르면 머리카락이 책받침 쪽으로 딸려 올라가요. 왜 그런가요?

 마찰로 생긴 전기 때문에 머리카락에는 양전하, 책받침 에는 음전하가 모이기 때문이에요. 양전하와 음전하 사 이에는 끌어당기는 힘이 작용해서 머리카락이 서는 거 랍니다.

플라스틱 책받침으로 머리카락을 문지르면 마찰 대전이 발생해서 물체 가 전기를 띠게 됩니다. 161쪽의 대전열에 따르면 사람의 머리카락은 플라 스틱(폴리프로필렌, 폴리에틸렌, 염화비닐 등)보다 앞쪽에 자리하고 있습 니다. 따라서 머리카락은 (+)전기를, 플라스틱은 (−)전기를 띠게 됩니다. 하 지만 플라스틱은 전기가 통하지 않기 때문에 책받침에 모인 전하는 사람의 몸으로 이동하지 않고 그대로 책받침에 머무릅니다.

이때 쿨롱의 힘, 즉 양전하와 음전하 사이에 끌어당기는 힘이 작용해서 머리카락이 책받침에 딸려 올라가는 것이죠.

그림 **플라스틱 책받침이 머리카락을 끌어당기는 이유**

쿨롱의 힘으로 끌어당긴다

음극으로 대전

양극으로 대전

 신기한 형광등

 형광등의 형(螢)은 반딧불이를 의미하는 한자잖아요. 그렇다면 형광등은 반딧불이와 같은 원리로 빛을 내는 건가요?

 형광등의 형(螢)은 반딧불이가 아니라 광물인 형석(螢石)을 의미해요. 형광은 물체에 자외선을 비추면 가시광선이 방출되는 현상이랍니다.

앞서 124쪽에서 블랙라이트로 물체에 자외선을 비추면 형광 물질이 가시광선을 방출한다고 설명했죠. 형광이란 물체가 빛을 받으면 그 빛보다 파장이 긴 빛을 방출하는 현상을 말합니다. 영어로 fluorescence라고 하죠.

형광이라는 말은 플루오린화 칼슘(CaF_2)으로 이루어진 광물인 형석(fluorite)이 내는 빛에서 유래한 용어입니다. 따라서 형광을 한자로 쓰면 '螢光'이지만 여기서 '螢'은 반딧불이가 아니라 형석을 의미합니다.[62] 형석에 블랙라이트, 즉 자외선을 비추면 노란색이나 초록색의 빛이 나는 현상이 바로 형광입니다.

참고로 반딧불이의 빛은 반딧불이 루시페린이라는 화학물질의 산화 반응으로 발생하는 화학 발광(chemiluminescence)에 속합니다.

그림 자외선을 받아 노란색으로 빛나는 형석

자외선을 비추면
빛이 난다

---

62 사실 형석이라는 이름은 반딧불이가 내는 빛과 유사하다 하여 반딧불이 형(螢) 자를 차용한 것이다. —옮긴이

형광등은 안에 전선이 연결되어 있지도 않은데 어떻게 빛이 나는 건가요?

 방전 현상을 이용해서 가스 안에 전기를 흘려 보내면 가스가 자외선을 방출하고, 자외선이 형광 물질을 들뜬 상태로 만들어서 빛을 냅니다.

형광등의 유리관 안쪽에는 형석과 같이 자외선을 받으면 빨간색, 초록색, 파란색의 빛을 내는 형광 물질이 칠해져 있습니다. 또한 내부는 진공 상태에 가까운데, 약간의 수은 증기가 들어 있어요. 아래 그림을 참고하며 다음 글을 읽으세요.

❶ 형광등 양 끝에는 필라멘트가 있습니다. 형광등에 불을 켜려면 먼저 필라멘트에 전류를 흘려 보내서 온도를 높이고 진공관 안으로 전자를 방출시켜야 합니다.

❷ 그 다음, 양 끝에 있는 필라멘트 사이에 높은 전압을 걸어 주면 방전 현상이 발생해서 진공관 안에 있는 전자가 이동하기 시작합니다.

❸ 이동하던 전자가 수은 원자와 부딪치면 전자가 가진 운동 에너지가 수은으로 옮겨 가고, 에너지를 받은 수은 원자 속 전자는 고에너지 상태가

그림 **형광등이 빛을 내는 원리**

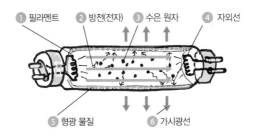

됩니다.

❹ 고에너지 상태가 된 수은 전자는 다시 저에너지 상태로 돌아가기 위해 불필요한 에너지를 자외선 형태로 방출합니다.

❺ 이때 방출된 자외선이 형광등 내벽에 칠해진 형광 물질에 닿으면 물질 속에 있는 전자가 고에너지 상태가 됩니다.

❻ 마찬가지로 고에너지 상태가 된 형광 물질의 전자도 저에너지 상태로 되돌아가기 위해 남는 에너지를 방출합니다. 이 에너지가 자외선보다 짧은, 우리 눈에 보이는 가시광선으로 방출되는 현상을 형광이라고 합니다.

이처럼 형광등은 전자의 방전, 수은 원자의 자외선 방출, 형광 물질의 발광이라는 3단계를 거쳐 빛을 냅니다.

 형광등이 깨지면 왜 위험하다고 하는 건가요?

 형광등 안의 수은 때문이에요

형광등이 깨지면 독성이 있는 수은 증기가 유출되어 주변에 있는 사람이 위험할 수 있어요. 이런 이유로 유럽에서는 제품 하나당 수은 함량이 5mg을 넘지 않도록 규제하기도 합니다. 수은을 쓰지 않는 형광등도 개발되었지만 아직 널리 보급되지는 못했어요.

그림 형광 물질이 빛에 반응하는 과정

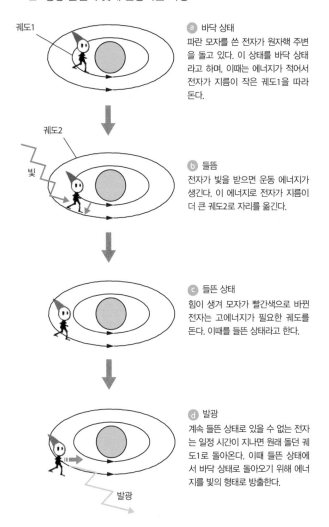

궤도1

a 바닥 상태
파란 모자를 쓴 전자가 원자핵 주변을 돌고 있다. 이 상태를 바닥 상태라고 하며, 이때는 에너지가 적어서 전자가 지름이 작은 궤도1을 따라 돈다.

궤도2

빛

b 들뜸
전자가 빛을 받으면 운동 에너지가 생긴다. 이 에너지로 전자가 지름이 더 큰 궤도2로 자리를 옮긴다.

c 들뜬 상태
힘이 생겨 모자가 빨간색으로 바뀐 전자는 고에너지가 필요한 궤도를 돈다. 이때를 들뜬 상태라고 한다.

d 발광
계속 들뜬 상태로 있을 수 없는 전자는 일정 시간이 지나면 원래 돌던 궤도1로 돌아온다. 이때 들뜬 상태에서 바닥 상태로 돌아오기 위해 에너지를 빛의 형태로 방출한다.

발광

같은 형광등을 사용하는데 어떤 등은 빨리 켜지고, 어떤 등은 늦게 켜져요. 왜 이런 차이가 생기죠?

 늦게 켜지는 형광등은 예전부터 쓰던 점등관 방식이고, 바로 켜지는 형광등은 인버터 방식이에요.

우리가 흔히 사용하는 형광등은 점등관(glow switch)을 사용하는 방식이에요. 점등관은 **바이메탈**을 이용한 접촉식 스위치인데, 바이메탈이란 열팽창률이 다른 두 금속을 붙여서 만든 복합 재료입니다. 두 금속은 열이 가해

그림 1 **점등관 방식의 점등 회로**

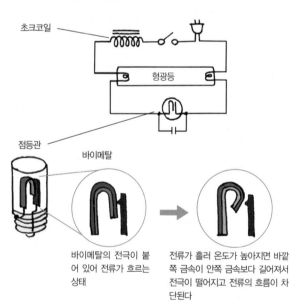

초크코일

형광등

점등관

바이메탈

바이메탈의 전극이 붙어 있어 전류가 흐르는 상태

전류가 흘러 온도가 높아지면 바깥쪽 금속이 안쪽 금속보다 길어져서 전극이 떨어지고 전류의 흐름이 차단된다

질 때 휘는 정도가 다릅니다. 처음에는 접촉 부위가 붙어 있어서 형광등 필라멘트에 전류가 흐르고 전자가 방출됩니다. 그러다 전류가 계속 흐르면 바이메탈의 온도가 상승하면서 접촉 부위가 떨어져 회로가 끊어져요. 회로가 차단되면 초크코일에 높은 전압이 걸리고 두 필라멘트 사이에서 방전이 발생합니다. 참고로 초크코일은 점등관의 바이메탈이 떨어지면 형광등에 높은 전압을 공급해서 방전을 일으키는 역할을 합니다.

반면 인버터(안정기) 방식은 **인버터**를 이용해 전등선에 흐르는 교류를 20~40kHz(킬로헤르츠)의 고주파로 변환해서 형광등으로 보냅니다. 필라멘트에 전류가 잠깐 흐르기만 해도 쉽게 방전이 발생하죠.

형광등 외에 전구형 형광램프의 점등 회로에도 인버터 방식이 사용됩니다.

그림 2 **인버터 방식의 전등 회로**

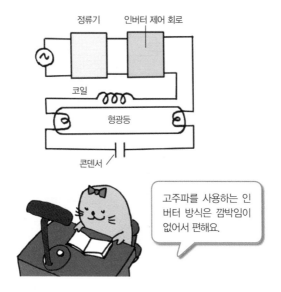

고주파를 사용하는 인버터 방식은 깜박임이 없어서 편해요.

형광등을 자주 켰다 껐다 하면 정말 형광등의 수명이 줄어드나요?

 맞아요. 불이 들어오는 방식에 따라서 다르기는 하지만, 점등관 방식의 형광등은 1번 켜질 때마다 수명이 1시간씩 줄어든답니다.

형광등은 **방전등**의 일종입니다. 즉 불이 들어올 때마다 방전을 일으켜야 하기 때문에 필라멘트에 전류가 흐르고 높은 전압이 걸려요. 이때 전자의 방출을 돕기 위해 필라멘트에 도포한 에미터(텅스텐산 바륨($BaWO_4$))도 같이 방출되어 형광등 벽에 달라붙습니다. 수명이 다 된 형광등의 양끝이 검게 변해 있는 이유가 바로 에미터 때문이에요.

일단 방전이 시작되면 필라멘트를 가열할 필요도 없고 높은 전압을 걸 필요도 없지만, 방전을 시작할 때마다 에미터가 소모되기 때문에 형광등의 수명이 줄어듭니다.

그림 **불이 들어올 때마다 형광등의 수명이 줄어드는 이유**

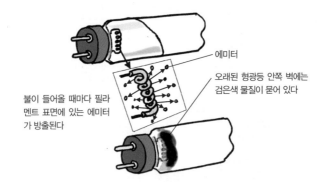

에미터

오래된 형광등 안쪽 벽에는 검은색 물질이 묻어 있다

불이 들어올 때마다 필라멘트 표면에 있는 에미터가 방출된다

왜 LED를 사용한 손전등이 꼬마전구를 사용한 손전등
보다 밝고 배터리도 더 오래 가나요?

 꼬마전구와 LED는 빛을 내는 원리가 전혀 달라요.

● **꼬마전구가 빛을 내는 원리**

에디슨이 발명했다고 알려진 꼬마전구는 **백열전구**의 일종입니다. 백열
전구는 전류를 흘려 보내면 필라멘트가 뜨거워져 백열을 발생시키고, **흑체
방사**(1장 37쪽 참고) 원리에 따라 빛을 냅니다.

흑체방사는 적외선부터 가시광선에 이르기까지 다양한 파장의 빛을 방
사하는 현상을 가리키지만, 백열전구에서 나오는 빛은 대부분 **적외선**입니
다. 다시 말해 주어진 전력 중 가시광선을 내는 데 쓰이는 양이 적어서 효율
이 낮아요. 또한 필라멘트는 텅스텐으로 만들어졌는데, 계속 사용함으로써
고온이 가해지면 텅스텐이 점점 증발해 결국 끊어집니다.

이처럼 꼬마전구는 전력을 많이 소모하기 때문에 배터리도 빨리 닳고 그
수명도 짧아요.

그림 1 **꼬마전구의 원리**

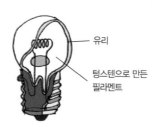

유리

텅스텐으로 만든
필라멘트

● LED란?

LED는 **발광 다이오드**(light emitting diode)의 앞글자를 따서 만든 약어입니다. 아래 그림을 보며 살펴볼까요?

다이오드는 2개의 단자 ❶과 ❷가 있을 때 ❶에서 ❷로는 전류가 흐르지만, ❷에서 ❶로는 전류가 거의 흐르지 않는 장치를 말합니다. 다이오드처럼 전기가 한 방향으로만 흐르는 작용을 **정류작용**(rectifying action)이라고 하며 ❶에서 ❷로 흐르는 전류를 **순방향 전류**, ❷에서 ❶로 흐르는 전류를 **역방향** 전류라고 합니다.

다이오드는 p형 반도체와 n형 반도체를 접합해서 만드는데 p형 반도체 쪽이 단자 ❶, n형 반도체 쪽이 단자 ❷에 연결되어 있습니다. ❶에서 ❷로 전류를 흘려 보내면 p형과 n형의 접합부에서 전기 에너지가 직접 빛 에너지로 전환되기 때문에 다이오드를 사용하면 적은 전류로도 밝은 빛을 낼 수 있습니다.

그림 2 **LED의 원리**

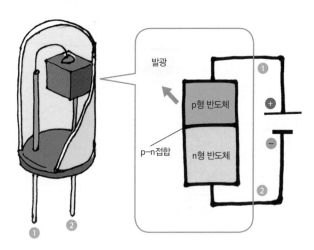

172

● 반도체 종류에 따라 달라지는 빛의 색

발광 다이오드에서 나오는 빛은 반도체의 종류에 따라 달라집니다. 전문 용어를 빌리자면 반도체에는 고유의 **띠틈**[63]이 존재하고, 이에 따라 방출하는 빛의 파장도 다릅니다.

비소화 갈륨(GaAs)은 800nm 파장의 빛을 내고, 비소화 알루미늄-갈륨(GaAlAs)은 갈륨과 알루미늄의 비율에 따라 빨간색에서 초록색 사이의 가시광선을 방출합니다. 또한 질소화 인듐-갈륨($In_{1-x}Ga_xN$)은 파란색 빛을 내고요. 이쯤 되면 눈치챘겠지만, 하나의 발광 다이오드만으로 백색 빛을 내기란 불가능합니다.

● 백색 빛을 내는 LED의 원리

손전등에 사용하는 백색 LED는 파란색을 내는 발광 다이오드인 질소화 인듐-갈륨과, 파란색 빛을 받으면 노란색을 내는 형광 물질이 들어 있는 플라스틱 몸체로 구성되어 있습니다. 다이오드에서 나온 파란색 빛과 형광 물질에서 나오는 노란색 빛이 섞이면 이것이 우리 눈에는 하얗게 보입니다.

그림 3 두 종류의 손전등

LED 램프
다이오드의 파란색 빛과 손전등 몸체에서 나오는 노란색 빛이 섞여서 하얗게 보인다

꼬마전구
대부분 적외선 빛을 내기 때문에 효율이 낮다

---

63 이에 대해서는 87쪽 각주를 참고하길 바란다. —옮긴이

파란색 LED 탄생 이야기

지금은 파란색 LE가 많이 사용되지만, LED가 처음 개발되고 몇 년 동안은 빨간색 · 노란색 · 초록색 LED만 있었고 파란색 LED는 만들지 못했습니다.

반도체가 내는 빛의 색은 **띠틈**에 따라 달라지기 때문에 짧은 파장의 빛을 내려면 띠틈이 큰 반도체로 LED를 만들어야 합니다. 티틈이 큰 반도체를 만들기 위해 산화아연, 황화 아연, 셀레늄화 아연과 같은 **2-6족 화합물 반도체** 연구가 진행되었지만 안타깝게도 이 재료들로는 p형과 n형을 자유롭게 제어할 수 없었죠. 질소화 갈륨 역시 후보군의 하나였지만 품질이 높은 결정을 얻기 힘들어 포기할 수밖에 없었고요.

하지만 나고야대학교의 아카사키 이사무 교수는 포기하지 않고 질소화 갈륨에 주목해 연구를 계속했고, 드디어 1989년에 파란색 LED의 시험용 제품 개발에 성공했습니다. 그 후 1993년에 니치아 화학공업 주식회사의 나카무리 슌지 박사가 개발한 기술을 계기로 파란색 LED가 제품화되어 시장에 대량으로 유통되기 시작했습니다. 그 뒤로 파란색보다 어렵다고 여겨졌던 청자색 반도체 레이저 개발에도 성공했고, 현재는 블루레이 디스크의 핵심 부품으로서 일반 가정에서도 널리 사용되고 있습니다.

제7장

신기한 전자기기

TV는 멀리서 보내는 영상을 어떻게 재생할 수 있고, 액정 TV는 어떻게 그렇게 얇게 만들 수 있을까요? 핸드폰은 어떻게 인터넷 이나 전화에 연결되는 걸까요? 우리가 매일 사용하는 전자기기 속에 숨어 있는 수수께끼를 파헤치면 아이들의 질문 폭격에서 살아남을 수 있습니다.

 신기한 방송기기

 Q TV는 어떻게 멀리서 찍은 영상을 재생할 수 있는 건가요?

 A TV 카메라로 촬영한 영상을 전기신호로 변환해서 전파, 케이블선, 광섬유 등을 통해 멀리 보낼 수 있어요. 이렇게 보내진 전기신호를 TV의 수신기가 받아서 다시 영상으로 바꾼답니다.

텔레비전(television)이라는 용어는 '멀리 떨어진 곳(tele)을 본다(vision)'라는 의미를 담고 있습니다. 카메라로 촬영한 영상을 전기신호로 변환해서 멀리 떨어진 곳으로 보낼 수 있고, 텔레비전은 이 신호를 받아서 먼 곳에서 온 영상을 보여 줍니다.

아래 그림 1을 봅시다. 영상을 전기신호로 변환한 2차원 화면을 주사선[64]으로 분할하고, 시간 순서에 따라 1차원 전기신호열로 변환합니다. 그다음 무선이나 유선을 이용해 해당 신호열을 전송하면 수신한 기기가 1차원 신

그림 1 TV 영상은 화면을 주사선으로 분할해서 송신한다

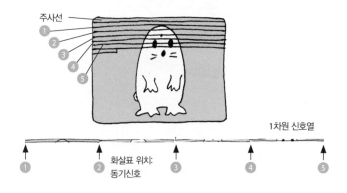

---

64 영어로 scanning line이라고 한다. 영상을 화소로 분해하거나 또는 반대로 화소로 영상을 재구성하는 조작을 주사라 하고, 이에 따라 그려지는 선들을 주사선이라 한다. —옮긴이

호열을 2차원으로 변환해서 디스플레이 장치에 표시합니다. 이것이 텔레비전 시스템의 기본 원리입니다. 1차원 신호를 2차원 신호로 되돌릴 때는 동기신호[65]를 기준으로 삼습니다.

신호가 전달되는 과정은 일반적으로 다음 그림 2와 같습니다. 방송국 스튜디오에서 촬영된 영상은 부조정실에서 프로그램 형태로 다듬어지고, 주조정실을 거쳐 송신소로 보내진 다음, 안테나를 통해 전파를 타고 수신처의 안테나로 들어가 수신기에 도착합니다. 혹은 위성을 경유하거나 케이블을 통해 전송되기도 하죠.

그림 2 **텔레비전 시스템**

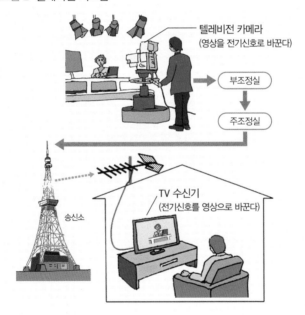

---

65 영어로 synchronizing signal이라고 한다. 송신기와 수신기의 타이밍을 맞추기 위한 신호. —옮긴이

TV 카메라는 영상을 어떻게 전기신호로 바꾸나요?

 TV 카메라는 렌즈로 압축한 영상을 ⓐ색분해 필터나 ⓑ색분해 프리즘으로 빛의 3원색인 빨간색(R)·초록색(G)·파란색(B)으로 분해한 다음, 이미지 센서를 이용해서 전기신호로 변환해요.

● 반도체 이미지 센서

비디오카메라에는 대부분 CCD나 CMOS 반도체 이미지 센서가 들어갑니다.

반도체 이미지 센서를 구성하는 광다이오드(photodiode)가 태양전지와 같은 원리를 이용해 빛을 전기로 바꿉니다.

광다이오드는 179쪽 그림 2의 ⓒ에서 볼 수 있듯이 p형과 n형 반도체를 접합하여 만듭니다. p형 반도체(붉은색 영역)는 양전하를 가진 가상의 입자인 양공을 전하 운반자로 이용하고, n형 반도체(푸른색 영역)는 음전하를 띠는 전자를 전하 운반자로 이용합니다. p형과 n형을 접합시키면 n형 영역에 있는 전자와 p형 영역에 있는 양공이 서로 상대의 영역으로 확산해서 결합하기 때문에 접합부 근처에는 전자와 양공 둘 다 없는 공핍층(depletion layer)이 생기는데, 바로 여기에 확산 전위가 형성됩니다.

빛을 비추면 그림 2의 ⓓ와 같이 공핍층에 전자와 양공이 결합한 쌍이 발생하고, 이 쌍이 확산 전위의 영향으로 분리되어 p형 쪽이 (+)전기, n형 쪽이 (-)전기를 띠면 기전력이 발생해 빛이 전기로 바뀌는 거죠. 이처럼 반도체의 p-n접합부에 강한 빛을 입사시키면 반도체의 전자와 양공이 전위차 때문에 분리되어 양쪽 물질에서 서로 다른 종류의 전기가 나타나는 효과를 광기전력 효과라 부릅니다.

그림 1 컬러 카메라의 색분해: 두 종류의 색분해 기구

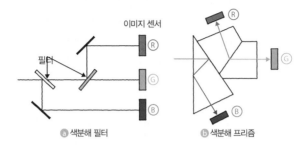

ⓐ 색분해 필터

ⓑ 색분해 프리즘

그림 2 p−n접합과 광기전력 효과

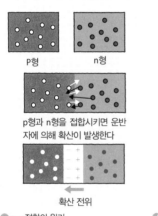

ⓒ p−n접합의 원리
파란 동그라미가 전자, 하얀 동그라미가 양공이다. 전자와 양공이 충돌하면 소멸한다.

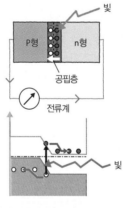

ⓓ 광기전력 효과의 원리
빛을 비추면 접합부 근처의 전자가 들뜬 상태가 되어 자유롭게 움직일 수 있는 '전도대'로 이동하고, 가전자대[66]에 양공이 생긴다. 이때 발생한 전자와 양공이 확산 전위에 따라 분리되고 p형 쪽이 (+)전기, n형 쪽이 (−)전기를 띠면서 기전력이 발생한다.

---

66 전자가 원자를 탈출하지 못하고 원자의 최외각궤도(가장 바깥쪽 에너지 띠) 상에 있는 상태에서의 에너지 띠. −옮긴이

● CCD 이미지 센서

CCD는 전하결합소자를 의미하는 영문인 charge coupled device의 약칭으로, 181쪽 그림 4에서 볼 수 있듯이 빛을 비춰서 발생시킨 전하에 게이트 전압[67]을 순차적으로 가해서 차례차례 옆에 있는 소자로 전송하는 장치입니다.

● CMOS 이미지 센서

CMOS(complementary metal-oxide semiconductor) 이미지 센서는 광다이오드와 증폭기, 트랜지스터 스위치를 화소별로 가지고 있습니다. 행과 열이 지정된 특정 화소의 스위치를 ON 상태로 만들어 이용할 화소를 선택합니다. 스위치가 ON 상태로 바뀌면 데이터가 신호회로에 전달됩니다. CMOS는 광다이오드에서 보내는 전기신호가 증폭되기 때문에, CCD보다 전기신호로 변환할 때 발생하는 노이즈의 영향을 적게 받는다는 장점이 있습니다. 또한 DRAM 등의 반도체 집적회로 제조 공정을 이용하면 제조 비용도 낮출 수 있죠.

● 촬상관과 촬상판

빛을 전기로 바꿀 때 사용하는 특수한 진공관을 촬상관(image pickup tube)이라고 합니다. 촬상관은 과거 오랫동안 방송용 TV 카메라의 이미지 센서로 사용됐지만, 지금 방송용 TV 카메라는 앞서 설명한 반도체 이미지 센서로 거의 대체되었죠. 하지만 고감도 영상이 필요할 때는 지금도 촬상관을 사용하기도 합니다. 일본의 달 탐사위성 '가구야'가 보내는 고품질 영상도 슈퍼 하프(super-HARP)라는 촬상관을 이용해 촬영했습니다.

---

67 게이트는 반도체의 구성품으로, 게이트에 일정 수준 이상의 전압이 인가되면 전하가 이동하게 된다. 게이트에 걸리는 전압을 게이트 전압이라고 한다. ─옮긴이

그림 3 CCD 이미지 센서

그림 4 CCD의 전하 전송 원리

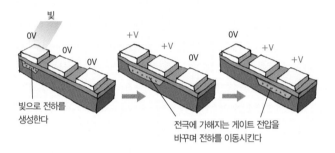

빛

0V 0V 0V

빛으로 전하를
생성한다

+V +V 0V

+V +V +V

+V

전극에 가해지는 게이트 전압을
바꾸며 전하를 이동시킨다

그림 5 CMOS 이미지 센서의 영상 전송 원리

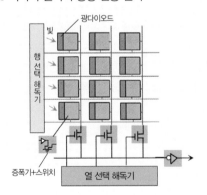

광다이오드

빛

행 선 택 해 독 기

증폭기+스위치

열 선택 해독기

Q 디지털 TV는 아날로그 TV와 무엇이 다른가요?

 A 디지털 방식은 아날로그 방식과 같은 전파의 주파수 대역을 사용하지만, 더 많은 채널을 더 선명하게 전송 할 수 있어요.

기존에 사용하던 **아날로그 방식**은 한 채널당 6MHz의 주파수 대역 안에 아날로그 복합 영상신호(흑백 영상에 컬러신호와 동기신호를 더한 신호)와 스테레오 음성신호가 들어갑니다.

반면 **디지털 방식**은 아날로그와 같은 6MHz 주파수 대역을 사용하지만, 이를 13개 세그먼트(조각)로 나누고, 여러 개의 세그먼트를 합쳐서 하나의 섹션으로 만들어 방송을 내보냅니다. HD 방송은 13개 중 12개의 세그먼트 를 사용하지만, 일반적인 방송은 3개의 세그먼트면 충분하기 때문에 같은 채널을 이용해서 여러 방송과 정보를 전송할 수 있어요. 또한 13개 세그먼 트 중 하나만 사용해서 핸드폰용 DMB 방송을 전송할 수도 있습니다.

그림 **디지털 방송**

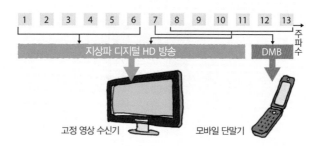

아날로그 방송과 디지털 방송의 송수신 방식

아날로그 방송의 송신과 수신

아날로그 TV 방식은 VHF(very high frequency: 초단파)나 UHF(ultra high frequency: 극초단파) 전파의 진폭을 복합 영상신호로 변조하는 동시에 주파수도 음성신호로 바꿉니다. 그다음 영상 수신기가 전파를 받아 원래의 영상과 음성신호로 복원합니다. 따라서 아날로그 방송은 방송국 영상과 수신기 영상이 항상 동기화된 상태입니다.

송신의 흐름   수신의 흐름

디지털 방송의 송신과 수신

반면 **디지털 방식**은 우선 영상과 음성을 표본화 · 양자화된 디지털 신호로 바꾸고 각 신호를 압축합니다. 이 신호를 다중화시키고 여기에 오류 정정 부호를 부가해서 OFDM(직교 주파수 분할 다중) 변조를 거친 다음 송신합니다. 복잡한 과정을 거치는 만큼, 수신기로 받은 전파를 그대로 복원하기만 해서는 영상신호와 음성신호를 얻을 수 없습니다. 따라서 받은 전파를 복원해서 디지털 신호를 얻은 후 오류 정정을 시행합니다. 오류 정정을 마친 디지털 신호 중에서 영상신호와 음성신호를 골라 해독해야 비로소 영상신호와 음성신호를 얻을 수 있습니다. 이런 과정이 필요하다 보니 신호 처리에 시간이 걸립니다. 아날로그 방식과 비교했을 때 디지털 방식은 어느 정도 지연이 발생할 수밖에 없습니다.

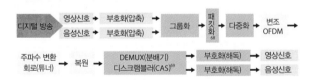

---

68 패킷이란 네트워크를 통해 전송하기 쉽도록 자른 데이터의 전송단위를 말한다. ―옮긴이
69 디스크램블러(descrambler)란 입력 데이터를 임의 부호 계열로 변환하는 회로를 말한다. 한편 CAS는 방송 수신 제한 시스템(Conditional Access System)을 말한다. CAS 운영을 위해 복호화 알고리즘과 비밀키가 저장되어 있는 특별한 디스크램블러 장치를 사용하기도 하지만, 최근에는 가입자의 고유개인정보를 가진 스마트 카드로 사용자에게 비밀키를 전달하는 방식으로 이루어진다. ―옮긴이

신기한 영상 디스플레이

 TV가 받은 전기신호는 어떻게 다시 영상이 되나요?

 1차원 전기신호를 동기신호 위치에 맞춰 재현하면 2차원 영상이 만들어져요.

브라운관 TV는 전자빔을 주사선에 따라 움직여서 동기신호 위치에 맞추고, 브라운관 뒤쪽에 있는 형광체를 들뜬 상태로 만들어서 영상을 재현합니다.

컬러 TV의 브라운관은 빨간색Ⓡ, 초록색Ⓖ, 파란색Ⓑ 신호에 맞게 강도를 조절한 세 가닥의 전자빔을 쏩니다. 섀도 마스크[70]의 구멍이나 틈을 통과한 빔이 빨간색, 초록색, 파란색의 형광체를 빛나게 하는 원리를 이용하는 겁니다.

그림 컬러 브라운관의 전자총, 섀도 마스크, 형광체의 위치

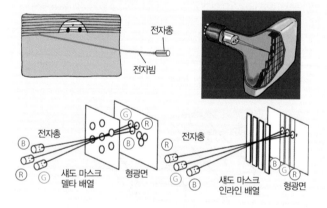

---

70 무수히 많은 원형의 작은 구멍이 있는 얇은 금속판. 도트 모양의 구멍을 정삼각형 형태로 규칙적으로 배열한 델타형과 3색 형광체를 수평으로 배열한 인라인형이 있다. —옮긴이

요즘 TV는 어떻게 그렇게 얇게 만들 수 있나요?

 요즘 TV에 사용하는 액정, 플라스마, EL 디스플레이는 모두 매트릭스 방식으로 화소를 선택하기 때문이에요.

브라운관은 쏘아진 전자빔이 휘어질 거리가 필요하기 때문에 어쩔 수 없이 어느 정도 두께가 있어야 합니다. 반면 액정 디스플레이(LCD)나 플라스마 디스플레이(PDP), EL 디스플레이의 평평한 패널은 데이터를 받아서 조립할 때(주사) 각 화소를 행과 열로 지정해서 선택하는 매트릭스 방식을 사용하기 때문에 얇게 만들 수 있죠.

다음 그림은 매트릭스 방식으로 화소를 선택하는 방법을 표현한 모식도입니다. 앞쪽에 있는 전극선 A1, A2, A3와 뒤쪽에 있는 전극선 B1, B2, B3는 서로 직각으로 교차합니다. 예를 들어 A1 선과 B1 선을 지정하면 빨간색 화소 A1B1이 선택되어 빛을 내는 식이죠. 따라서 전자빔을 이용해 주사할 때보다 상대적으로 얇게 만들 수 있어요.

그림 매트릭스 방식의 화소 선택

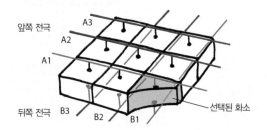

액정 TV에 쓰이는 액정이 무엇인지 궁금해요.

 액정은 고체와 액체의 중간 상태로 분자들이 특정 방향을 향해 나란히 배열된 상태를 말해요.

다음 그림은 액정의 분자 배열 방식이 온도에 따라 변하는 모습을 보여줍니다. 저온에서는 ⓐ와 같이 규칙적으로 배열된 고체 상태지만, 온도를 올리면 ⓑ와 같이 같은 방향을 향하고 있기는 해도 분자끼리의 간격은 제각각입니다. 이때의 상태를 액정이라고 불러요. 이 상태에서 온도를 더 올려 녹는점을 넘어서면 ⓒ와 같이 액정 분자의 방향과 간격이 모두 흐트러

그림 **액정의 구조와 물성**

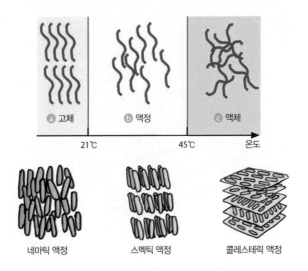

져버린 액체 상태가 됩니다.

액정에는 네마틱(nematic)형, 스멕틱(smectic)형, 콜레스테릭(cholesteric)형이 있습니다.

이 중 네마틱형 분자는 양전하를 가진 부분과 음전하를 가진 부분으로 나누어져 있어서 전기장이나 자기장을 가하면 분자를 같은 방향으로 정렬시킬 수 있어요. 분자의 방향에 따라서 편광된 빛이 투과하는 형태가 달라진다는 점을 이용해 광 스위치로 이용합니다. 광 스위치가 어떤 건지는 188~189쪽에서 설명합니다.

 액정을 오징어로 만든다는 말을 들었는데 정말인가요?

 액정 연구를 처음 시작했을 당시에 콜레스테릭 액정은 오징어의 간을 이용해서 만들었어요. 하지만 현재 액정 TV에 주로 사용하는 네마틱 액정은 화학적으로 합성한 물질이랍니다.

액정을 처음 개발했을 당시 콜레스테릭 액정은 오징어의 간에서 추출한 콜레스테롤과 벤조산을 섞은 에스터 화합물을 가열해서 만들었어요. 하지만 현재 액정 TV에 사용하는 네마틱 액정은 화학적으로 합성해서 만든 물질입니다.

옛날에는 오징어의 간으로 만들었지만, 지금은 공장에서 화학적으로 합성해서 만들어요.

액정을 사용해서 어떻게 TV가 나오는지 궁금해요

 액정은 전기를 이용해서 빛을 켜고 끌 수 있는 광 스위치예요. 화소별로 광 스위치를 켜고 끔으로써 영상을 재생할 수 있답니다.

189쪽 그림은 액정 패널의 구조를 간단히 표현한 것입니다. 투명 전극을 붙인 유리를 서로 마주 보게 세우고 좁은 틈에 액정을 주입한 구조인데, 이 상태에서 액정 분자의 방향은 패널 면에 평행합니다.

액정 분자의 방향은 배향막(방향을 배열하는 막)에 따라 배열되는데, ⓐ와 같이 2개의 배향막의 방향이 90°로 교차하면 액정 분자는 패널에 수직 방향으로 서서히 회전해서 90°까지 회전합니다. 이 상태의 액정을 TN(twisted nematic)형 액정이라고 합니다.

ⓐ 상태에서 직선 편광이 통과하면 편광의 방향이 90° 회전합니다. 편광판의 투과 방향이 원래의 편광 방향과 평행하면 빛이 지나가지 못해서 화면이 검게 보입니다.

반면 ⓑ와 같은 투명 전극에 전압을 걸면 액정 분자가 전기장 방향으로 일어서서 배열됩니다. 이때는 편광이 회전하지 않고 그대로 지나가서 평행한 편광판을 투과하기 때문에 밝게 보이는 거죠.

다만 이런 구조의 액정 패널은 전압을 걸었을 때 액정 분자가 일어서는데 시간이 걸리기 때문에 움직임이 빠른 영상을 표시하지 못한다는 결점이 있었습니다. 이 문제점을 개선한 제품이 IPS(In-Plane Switching) 액정입니다(ⓒ~ⓔ). IPS형은 내부에서 액정 분자가 회전해서 자체 스위치 역할을 하기 때문에 응답성이 좋아서 빠른 움직임도 재현할 수 있죠.

그림 액정 패널의 구조와 동작 원리

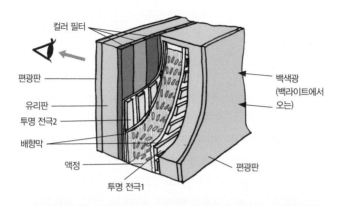

- 컬러 필터
- 편광판
- 유리판
- 투명 전극2
- 배향막
- 액정
- 투명 전극1
- 백색광 (백라이트에서 오는)
- 편광판

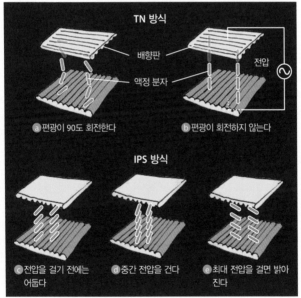

TN 방식

- 배향판
- 액정 분자
- 전압

ⓐ 편광이 90도 회전한다
ⓑ 편광이 회전하지 않는다

IPS 방식

ⓒ 전압을 걸기 전에는 어둡다
ⓓ 중간 전압을 건다
ⓔ 최대 전압을 걸면 밝아진다

액정 패널은 전압으로 빛을 ON/OFF할 수 있는 광 스위치다.

액정 패널과 플라스마 패널의 차이가 궁금해요

 액정은 광 스위치라서 백라이트가 필요해요. 하지만 플라스마 패널은 형광등과 같은 원리여서 스스로 빛을 낸답니다.

액정 패널은 화소별로 광 스위치가 있어서 백라이트에서 오는 빛을 각각 켜고 끄는 방식으로 영상을 재현합니다. 반면 플라스마 패널은 각 화소가 있는 셀 안에서 전극 사이의 방전으로 플라스마가 발생하고, 여기서 나온 적외선이 셀 내벽에 칠해진 형광체를 들뜬 상태로 만들어 빨간색 · 초록색 · 파란색의 빛을 내는 원리를 이용합니다. 형광등과 같은 원리죠.

플라스마 패널은 액정 패널과 달리 응답 속도가 빨라서 움직임이 많은 영상을 재현할 때 유리합니다. 다만 발광 효율은 높지 않아서 전력 소비가 많다는 점이 단점입니다.

그림 **플라스마 패널의 동작 원리**

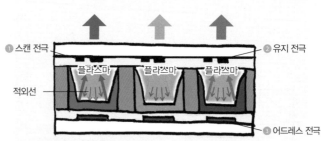

화소를 선택할 때는 ❶과 ❸ 사이에 고전압이 걸리지만, 그 후에는 ❷와 ❸ 사이에 낮은 전압만 걸어 주면 빛이 유지된다.

액정과 유기 EL의 차이도 궁금해요

 액정은 광 스위치이지만 유기 EL은 LED와 같은 원리로 빛을 내요

EL(electroluminescence)은 입자를 전기적으로 들뜬 상태로 만들어서 빛을 내는 유형의 디스플레이입니다. EL은 무기 화합물을 사용한 무기 EL과 유기 화합물을 사용한 유기 EL로 나뉘는데, 휴대용 기기나 소형 TV에는 일반적으로 유기 EL이 쓰입니다. 액정 패널도 유기 EL과 마찬가지로 유기 화합물을 이용하지만, 액정은 절연성을 띠는 반면 유기 EL에 사용하는 유기 화합물은 전기가 통하는 반도체라는 점이 다릅니다.

유기 EL은 ①전자 수송층, ②발광층, ③양공 수송층으로 구성되며 전극에서 주입된 전자와 양공이 발광층에서 재결합할 때 빛이 납니다. 반도체의 p-n접합과 같은 구조라는 점에서 최근에는 유기 LED(Organic-LED) 또는 OLED(유기 발광 다이오드)라고 부릅니다.

그림 유기 EL의 구조

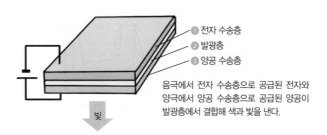

① 전자 수송층
② 발광층
③ 양공 수송층

음극에서 전자 수송층으로 공급된 전자와 양극에서 양공 수송층으로 공급된 양공이 발광층에서 결합해 색과 빛을 낸다.

빛

 핸드폰은 전화선도 없는데 어떻게 서로 소리가 들릴 수 있는 건가요?

핸드폰에서 상대방의 전화번호를 누르면 신호가 기지국으로 전송되고, 여기서 다시 교환국으로 전달돼요. 교환국에서 상대가 있는 기지국을 찾아서 상대의 핸드폰과 연결해 줍니다. 연결되면 음성신호를 디지털 전기신호로 바꿔서 800MHz의 전파에 실은 다음 기지국으로 보내요.

이해를 돕기 위해, 기지국2 구역에 있는 A가 기지국4 구역에 있는 B에게 핸드폰으로 전화를 걸었다고 합시다.

❶ A가 B의 전화번호를 누르면 전화번호 신호가 전파를 타고 기지국2로 전송되고 다시 유선을 통해 교환국1로 보내집니다. 교환국1에서는 B의 핸드폰이 어느 기지국 구역에 있는지를 찾습니다. 핸드폰은 일정 시간마다 기지국으로 자신의 현재 위치를 알리는 신호를 보내기 때문에 B가 어디에 있든 가장 가까운 기지국을 금세 찾을 수 있습니다. B를 찾으면 기지국4에서 착신음을 전파에 실어서 B의 핸드폰으로 보냅니다.

❷ B가 전화를 받으면 마이크로 들어온 음성 아날로그 전기신호가 디지털 전기신호로 변환되고, 앞서 연결되었던 경로를 통해 상대방에게 전달됩니다. 상대의 핸드폰은 디지털 신호를 받아 다시 아날로그 신호로 바꾸고 스피커를 통해 소리를 전달합니다. 이런 과정을 반복함으로써 우리는 멀리 있는 사람과도 통화를 할 수 있는 것이죠.

❸ 만약 B가 교환국1에서 찾을 수 있는 구역 안에 없으면, 신호를 교환국2로 보내서 B를 찾습니다.

또한 핸드폰은 이 경로를 통해 음성만이 아니라 카메라로 찍은 영상도 디지털 신호로 전송할 수 있습니다.

그림 핸드폰이 연결되는 시스템

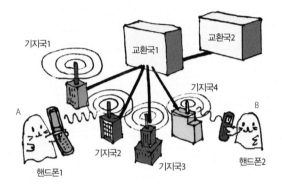

팩스는 어떻게 종이를 상대방에게 보낼 수 있나요?

 종이 자체를 보내지는 않아요. 종이에 쓰여 있는 흑백의 정보를 전기신호로 변환해서 전송하면 상대방 팩스에서 신호를 종이에 재현하는 방식이랍니다.

팩스(FAX)의 정식 명칭은 팩시밀리(facsimile)이며 '복제, 복사'를 의미합니다. 과거 신문사에서 사진 전송(phototelegraphy)이라고 부르기도 했던 팩스의 기본 원리는 TV의 주사선과 같습니다.

우선 팩스에서 전화번호를 누르면 '삐' 하는 신호음이 상대에게 전달되고, 상대 쪽 기계가 수신할 준비를 마치면 준비가 되었으니 전송하라는 신호음이 울립니다. 신호를 받으면 스캐너가 종이에 초점을 맞추고 왼쪽에서 오른쪽으로 이동하며 종이에 빛을 비추는데, 이때 종이에서 반사된 빛을 센서가 전기신호로 바꿉니다. 종이 위에 새겨진 흑백 명암에 따라 전기신호가 강해지거나 약해지는데, 예를 들어 흰색을 0, 검은색을 1이라고 하면 신호는 0001101101000과 같은 배열이 되는 거죠.

한 주사선의 데이터를 다 읽으면 종이가 밀려 들어가고 광원이 왼쪽 끝으로 이동해서 왼쪽 끝이라는 정보를 알려 주는 동기신호를 추가한 후에 다음 줄을 읽습니다. 이런 과정을 통해 2차원의 사진을 '0001101101000+동기신호'라는 1차원 신호열로 변환합니다. 이 신호는 모뎀을 통해 음성신호로 바뀌고 전화선을 타고 전화국으로 거쳐 상대에게 전달됩니다.

신호를 받은 팩스는 1차원 신호에 따라 0이면 흰색, 1이면 검은색으로 출력합니다. 동기신호 위치에서 왼쪽으로 돌아와 종이를 밀고 다시 다음 줄을 인쇄합니다. 이렇게 해서 신호는 2차원의 사진으로 재현됩니다. 실제 팩시밀리는 신호를 압축해서 전달하고 복원하거나, 받은 신호를 일단 메모리에 저장하는 등 더 복잡한 과정을 거치지만 기본적인 원리만 설명하면 이렇습니다.

그림 팩스의 원리

팩스1은 보내고자 하는 사진에 빛을 쏘고 반사되어 돌아오는 빛을 팩스 안 센서가 전기신호로 바꿔서 1차원 데이터로 송신한다. 팩스2는 수신한 1차원 신호를 2차원 정보로 바꾼다. 다만 요즘 사용하는 팩스는 광스폿(빛을 쏘는 단자)을 움직이지 않고 라인 센서를 사용해서 전기적으로 주사하는 방식을 사용한다.

신기한 정보 기기

Q 컴퓨터는 어떻게 계산을 할 수 있는 건가요?

A 컴퓨터에는 CPU라는 반도체 칩이 있어요 이 칩이 메모리 안에 저장된 프로그램의 명령에 따라 계산이나 작업을 수행한답니다.

컴퓨터가 어떤 원리로 계산을 할 수 있는지는 이 질문의 마지막 부분에서 설명하기로 하고, 우선 컴퓨터의 구조부터 살펴봅시다. 컴퓨터는 기본적으로 기계 부분인 하드웨어와, 컴퓨터를 작동시키는 순서와 명령인 소프트웨어가 있어야 비로소 기능할 수 있습니다.

● 하드웨어

하드웨어(hardware)는 사전적으로 철물, 장비 등을 의미하며 컴퓨터에서는 전자회로와 주변기기 등의 물리적인 실체를 가리킵니다.

197쪽 그림 1에서 볼 수 있듯이 하드웨어는 CPU나 메모리와 같은 본체(붉은색 테두리), 기억장치(파란색 테두리), 입출력(I/O) 장치(하늘색 테두리), 그리고 이들을 작동시키기 위한 인터페이스(초록색 테두리)로 구성됩니다.

마이크로프로세서(micro-processor)라고도 하는 반도체 소자 CPU(central precessing unit)가 본체의 중심입니다. CPU는 메모리에 저장된 소프트웨어의 명령에 따라 일합니다. 메모리는 읽고 쓰기와 지우기가 가능한 램(RAM: Random Access Memory)과 읽기만 가능한 롬(ROM: Read Only Memory)으로 나누어집니다. 또한 프로그램이나 데이터를 저장하는 기억장치에는 자기기억장치인 하드디스크(HDD), 읽고 쓰기가 가능한 광디스크, 플래시메모리가 있습니다. 그리고 입출력장치 중 입력장치에는 광디스크 드라이브(ODD), 키보드, 마우스, 스캐너 등이 있고, 출력장치에는 모니터와 스피커가 있습니다. 입출력장치들은 인터페이스를 통하여 CPU와 연결되어 있습니다.

그림 1 **컴퓨터의 구성**

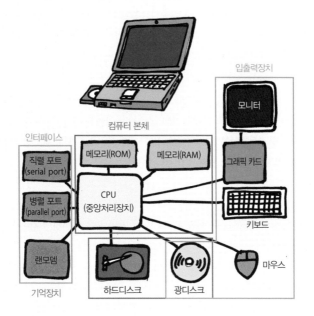

● 소프트웨어

컴퓨터를 작동시키는 데 필요한 절차와 명령을 컴퓨터가 이해할 수 있는
형태로 기록한 것이 소프트웨어입니다. 때로는 프로그램이 아닌 데이터까
지 포함한 전체를 소프트웨어라고 부르기도 하죠. 소프트웨어는 크게 두 가
지로 나뉩니다. 하나는 윈도(Windows)나 맥 OS(Mac OS), 리눅스(LINUX)
와 같은 운영체제(OS: operating system)고, 다른 하나는 워드프로세서, 표
계산 소프트웨어, 게임 소프트웨어와 같은 응용 소프트웨어입니다. 만약 운
영체제가 없었다면 컴퓨터를 작동시킬 때 장치별로 다른 기계 언어를 사용
해 프로그램을 만들어야 했을 겁니다.

● 부팅(booting)

컴퓨터의 전원 스위치를 누르면 롬(ROM)에 기록된 입출력 제어 프로그램인 바이오스(BIOS)에 의해 입출력장치와 외부기록장치, 입출력 인터페이스가 초기화되고 작동할 수 있는 상태가 됩니다. 다음으로 하드디스크에 기록된 운영체제(예를 들면 윈도10)가 작동하며 메모리 위에 배치됩니다. 이후 모든 동작은 운영체제의 관리 아래에서 이루어집니다.

● 프로그램 설치

응용 소프트웨어를 컴퓨터에 설치하는 작업을 인스톨(install) 또는 셋업(setup)이라고 합니다. 예를 들어 표 계산 소프트웨어를 설치하려면 인터넷에서 다운로드받거나 CD-ROM에 저장된 프로그램을 구매해야 합니다. 광디스크 드라이브에 소프트웨어가 저장된 CD-ROM을 넣고 설치 프로그램을 작동시키면 프로그램이 컴퓨터 환경에 맞춰 하드디스크에 저장됩니다.

● 프로그램 실행

표 계산 소프트웨어 아이콘을 클릭하면, 설치한 표 계산 소프트웨어 프로그램이 실행되면서 메모리 공간에 기록됩니다. 프로그램이 실행되고 표가 모니터에 표시되면 사람은 키보드를 이용해 셀에 숫자를 입력하겠죠. 합계 명령 버튼을 누르면 숫자들이 더해져 합계치가 새로운 셀에 표시됩니다.

● CPU가 움직이는 방식

프로그램을 실행하면 CPU는 프로그램의 명령어 주소 맨 앞에 프로그램 카운터를 두고 그 이후로 기록되는 정보, 예를 들면 0011011001100110011 1110011……이 명령인지 데이터인지를 판단해서 명령이라면 그 명령을 해석한 후에 구체적인 동작을 수행합니다. 그리고 프로그램 카운터를 다음 명령의 맨 앞으로 이동시킵니다.

그림 2 프로그램 설치와 실행

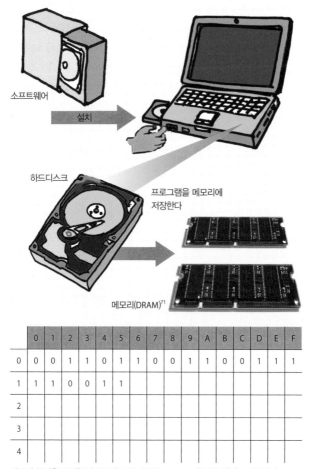

소프트웨어

설치

하드디스크

프로그램을 메모리에
저장한다

메모리(DRAM)[71]

	0	1	2	3	4	5	6	7	8	9	A	B	C	D	E	F
0	0	0	1	1	0	1	1	0	0	1	1	0	0	1	1	1
1	1	1	0	0	1	1										
2																
3																
4																

메모리 공간을 구분한 각 주소에 프로그램이 0011……과 같은 형태로 기록된다.

---

71 램의 한 종류. Dynamic RAM의 약자로 동적 램이라고 부른다. 구조가 간단하여 고집적화가 가능하며 가격이 저렴하다.
　－옮긴이

● 계산을 수행하는 방식: 가산

예를 들어 데이터 주소 A에 있는 데이터 D(A)에, 데이터 주소 B에 있는 데이터 D(B)를 더해서 그 결과를 데이터 주소 C에 기록한다고 합시다.

우선 주소 A에 있는 2진수 데이터 D(A)를 CPU의 연산논리장치에 기록합니다. 여기에 가산 명령을 내리면 CPU는 누산기를 작동시켜 연산기에 있는 2진법 데이터에 주소 B에 있는 데이터 D(B)를 더하는 명령을 실행하고 가산 결과를 데이터 주소 C에 저장합니다. 이와 같은 과정을 통해 덧셈이 이루어집니다. 컴퓨터는 1+1=2와 같은 2진법 연산을 반복해서 사칙연산이나 더 복잡한 계산도 수행할 수 있습니다. 명령은 클럭 신호[72]에 따라 한 단계씩 진행되는데, 신호의 간격은 1나노초(10억 분의 1초)보다 짧아서 10억 회를 반복한다고 해도 1초도 안 되는 시간에 빠르게 계산할 수 있습니다.

그림 3 **CPU의 동작**

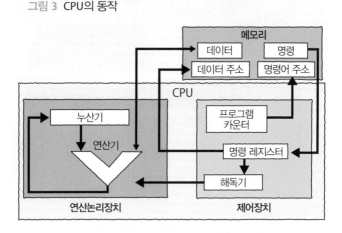

---

72 전자회로를 움직이는 타이밍의 기초가 되는 펄스 신호. ―옮긴이

다만 실제 CPU 명령에는 짧은 명령도 있고 긴 명령도 있기에 먼저 명령의 길이를 판단해야 합니다. 또한 다루는 데이터도 8비트, 16비트, 32비트로 길이가 다양하기 때문에 주소를 어디로 옮길지는 명령을 해석해서 계산한 후 결정합니다.

● 점프 명령과 분기 명령

명령 중에는 다른 주소로 건너뛰도록 지시하는 점프 명령, 혹은 레지스터 안의 수치를 메모리 안의 수치와 비교해서 크기에 따라 위치를 나누는 분기(分岐) 명령도 있습니다.

● 입출력

수치나 문자열을 외부 입출력장치에서 포트를 통해 읽어 들이기도 하고, 프린터로 출력하거나 외부기억장치에 저장하기 위한 명령을 내리기도 합니다.

지하철을 탈 때 교통카드를 대기만 하면 개찰구를 통과할 수 있어요. 카드에는 배터리도 들어가지 않는데 어떻게 작동할 수 있는 건가요?

 카드 안에 작은 IC칩이 있기 때문이에요. 칩 안의 코일과 개찰기에 있는 코일이 전파를 이용해서 비접촉 상태로 정보를 교환한답니다. 카드에 필요한 전력은 개찰기의 전파를 통해서 공급받아요.

우리가 사용하는 교통카드에는 IC칩이 들어 있습니다. IC칩은 칩 안에 있는 루프 안테나로 개찰기에 있는 리더기 안테나에서 나오는 13.56MHz의 고주파를 수신합니다. IC칩은 이 전파를 정류해서 필요한 전력을 공급받기 때문에 따로 배터리가 필요하지 않아요. 또한 IC카드에는 메모리가 탑재되어 있어서 카드 번호 16자리, 지하철 이용 일시, 이용한 역, 승차권의 종류, 잔액 정보까지 많게는 1MB(메가바이트) 이상의 데이터를 저장할 수 있습니다.

개찰구를 통과할 때 IC 카드와 개찰기의 리더기가 고주파를 사용해 데이터를 주고받고, 이용할 때마다 갱신된 데이터가 IC칩에 저장됩니다. 이때 네트워크로 연결된 호스트 컴퓨터에도 정보를 보내서 호스트 컴퓨터가 종합적으로 데이터를 관리할 수 있도록 합니다.

일본에서 교통카드로 많이 사용하는 스이카(Suica)는 처음에는 교통카드로만 사용했지만 지금은 전자 화폐로도 이용할 수 있어서 가게, 열차 안 매점, 택시를 비롯한 다양한 곳에서 쓸 수 있습니다. 요즘은 스이카를 이용한 전자 화폐 거래가 하루에 1,000만 건을 넘을 정도라고 합니다(2022년 7월 기준).

그림 교통카드의 원리

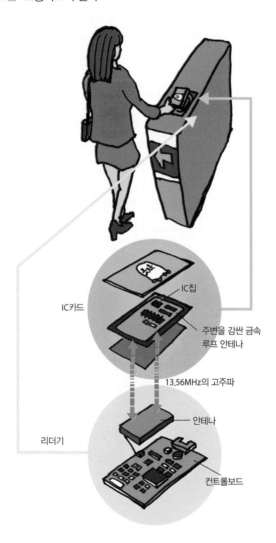

IC카드

IC칩

주변을 감싼 금속
루프 안테나

13.56MHz의 고주파

안테나

리더기

컨트롤보드

인터넷은 어떻게 전 세계를 연결하나요? 어떻게 눈 깜짝할 사이에 정보를 얻을 수 있는지 궁금해요.

 전 세계 곳곳에 있는 '서버'를 이용해서 디지털화된 정보가 다양한 경로를 통해 끊임없이 전달되기 때문이에요.

205쪽 그림은 인터넷의 개념을 보여 줍니다. 그림에서 알 수 있듯이 X 지역에 있는 일반 사용자의 컴퓨터 A를 기준으로, 컴퓨터 B와는 같은 서버를 이용하기 때문에 바로 상대와 이어질 수 있어요. 반면 컴퓨터 E와는 직접 이어질 수 있는 경로가 없죠.

이때는 서버 X2를 지나 서버 X3으로 가는 경로를 이용할 수도 있고, 조금 더 복잡한 경로 즉 서버 X5에서 서버 X4를 지나 서버 X3으로 가는 경로를 이용할 수도 있습니다.

마찬가지로 X 지역의 컴퓨터 A와 멀리 떨어진 Y 지역의 컴퓨터 M을 연결할 때는 X1 → X2 → Y1 → Y2 → Y3를 지나는 경로를 이용해도 좋고, 더 복잡하게는 X1 → X2 → Y1 → Y5 → Y4 → Y3를 지나는 경로를 이용할 수도 있습니다.

이처럼 인터넷 네트워크는 마치 거미집과 같은 형태로 전 세계에 뻗어 있습니다. 이 거미집을 의미하는 전문용어가 world wide web, 소위 WWW입니다. WWW가 항상 가장 빠른 경로를 찾아 연결해 주는 덕분에 우리는 짧은 시간에 정보를 얻을 수 있습니다.

정보를 찾을 때는 일반적으로 검색 엔진 서비스를 이용하죠. 검색 엔진이 미리 전 세계에 있는 다양한 홈페이지를 찾아서 해당 데이터를 보유하고 있는 덕분에 우리는 더 빠르고 쉽게 정보를 얻을 수 있습니다.

그림 인터넷의 연결 구조

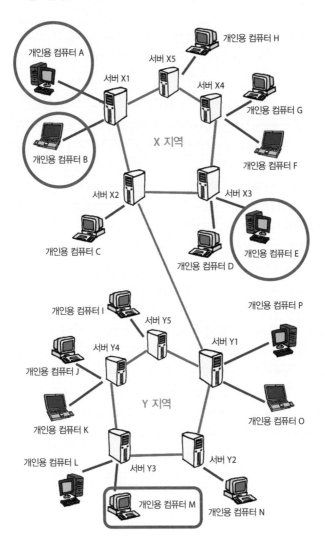

CD는 어떻게 빛으로 정보를 읽어 낼 수 있는 건가요?

 CD는 피트(요철)를 이용해 디지털 신호를 기록해요. 신호를 읽을 때는 피트 부분에 레이저광을 비춰서 되돌아오는 빛의 세기를 전기신호로 바꾼답니다.

207쪽 그림의 ⓑ에서 볼 수 있듯이 CD에는 0과 1로 구성된 디지털 신호가 기록되어 있습니다. 물론 실제로 1, 1, 0, 1, 0, 1, 1처럼 숫자를 그대로 쓰지는 않아요. ⓒ와 같이 1이면 우선 극성을 반전시키는 펄스 열(NRZ 신호)로 변환하고, 해당 신호에 맞춰 스탬퍼로 플라스틱 기판을 눌러 ⓓ와 ⓔ처럼 피트 열을 새깁니다. 이때 피트의 깊이는 110nm로 정해져 있습니다.

정보를 읽어 낼 때는 파장이 780nm인 레이저광을 기판 쪽에서 피트 뒷면을 향해 비추는 방법으로 돌기의 정보를 읽습니다.

ⓕ에서 볼 수 있듯이 레이저광의 지름은 약 1,000nm여서 약 500nm인 피트의 폭보다 넓습니다. 따라서 돌기 부분과 평평한 부분이 모두 빛을 반사합니다. 앞에서 설명했듯이 피트의 깊이는 110nm이므로 이때 빛이 왕복하는 거리는 220nm가 됩니다. 하지만 ⓖ와 같이 피트 부분의 반사광1과 평면 부분의 반사광2는 굴절률이 1.58인 플라스틱에서는 대략 반 파장 정도(정확히는 0.45파장) 위상이 어긋나 서로 상쇄되기 때문에 빛이 되돌아오지 않습니다. 상쇄되지 않고 돌아온 빛은 ⓗ에 있는 광디스크 드라이브(ODD)의 광학 헤드로 들어옵니다. 광학 헤드의 자세한 구조는 ⓘ와 같습니다. 반도체 레이저에서 나온 빛이 빔 분리기의 렌즈를 통과해 피트에 모이고, 여기서 반사되어 돌아온 빛을 검출기로 검출하는 원리입니다.

그림 **CD를 판독하는 원리**

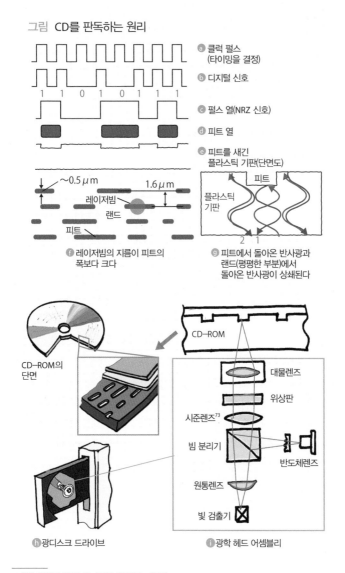

ⓐ 클럭 펄스
(타이밍을 결정)

ⓑ 디지털 신호

1 1 0 1 0 1 1 1

ⓒ 펄스 열(NRZ 신호)

ⓓ 피트 열

ⓔ 피트를 새긴
플라스틱 기판(단면도)

~0.5μm
1.6μm
레이저빔
랜드
피트

ⓕ 레이저빔의 지름이 피트의
폭보다 크다

피트
플라스틱
기판
2 1

ⓖ 피트에서 돌아온 반사광과
랜드(평평한 부분)에서
돌아온 반사광이 상쇄된다

CD-ROM

CD-ROM의
단면

대물렌즈
위상판
시준렌즈[73]
빔 분리기
반도체렌즈
원통렌즈
빛 검출기

ⓗ 광디스크 드라이브

ⓘ 광학 헤드 어셈블리

---

73 빛을 평행하게 만들어 주는 곡선형 광학 렌즈. −옮긴이

CD의 정보를 읽어 낼 때만이 아니라 기록할 때도 빛을 이용한다고 들었어요. 어떻게 빛으로 정보를 기록할 수 있나요?

 레이저광의 열로 색소를 파괴하거나 원자 배열 방식을 바꿔서 기록해요.

정보를 저장할 수 있는 CD에는 몇 종류가 있습니다. 기록은 할 수 있지만 지우고 덮어쓸 수는 없는 CD-R과, 지우거나 덮어쓰기까지 가능한 CD-RW로 나뉩니다.

우선 CD-R에는 209쪽 그림와 같이 색소층이 존재합니다. 레이저광을 한 점에 모아서 색소층을 가열하면 색소가 분해되고, 이때 발생하는 열로 기판이 변형을 일으켜 마치 CD-ROM의 피트가 생기는 것과 비슷한 현상이 나타납니다. 일단 변형된 후에는 원래의 형태로 되돌릴 수 없기 때문에 CD-R은 한 번 기록한 정보를 지우거나 새로운 데이터로 덮어쓸 수 없습니다.

반면 CD-RW는 네 가지 원소, 은-인듐-안티모니-텔루륨(Ag-In-Sb-Te)으로 구성된 **합금층**을 기록막으로 사용합니다. 기록하기 전에는 원소가 규칙적으로 배열된 결정 상태지만, 기록할 때는 기록막에 레이저광을 집광시켜서 600℃ 이상으로 가열했다가 급속으로 냉각합니다. 녹는점 이상으로 가열된 부분이 녹았다가 냉각될 때 원자의 배열이 흐트러져서 유동적인 비정질 상태로 변합니다.

빛에 의해 결정 상태가 비정질 상태로 변하는 현상을 이용한 장치라는 점에서 CD-RW를 **상변화 디스크**라고도 해요. 결정인 부분보다 비정질 부분의 반사율이 더 낮고, 이 차이가 CD-ROM의 피트와 같은 작용을 합니다.

그림 CD에 정보를 저장하는 원리

CD-R은 색소를 이용하고, CD-RW는 네 가지 원소의 합금을 이용해요.

광디스크는 다 똑같아 보여도 사실 재료와 기록 방식이 다르답니다.

기판

반사층   색소층   색소 분리

CR-R은 레이저의 열로 색소를 분리한 다음, 유연성이 생긴 폴리카보네이트를 변형시켜서 피트를 형성한다. 참고로 1mW의 레이저빔을 1μm² 면적에 집광시키면 무려 10만 W/cm²의 에너지 밀도를 얻을 수 있다.

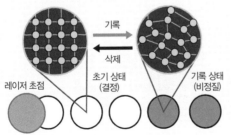

레이저 초점

초기 상태
(결정)

기록

삭제

기록 상태
(비정질)

CD-RW의 원자는 원래 규칙적인 배열을 가진 결정 상태이지만, 레이저로 가열했다가 급속 냉각하면 원자 배열이 불규칙한 비정질 상태가 된다.

직류, 교류, 주파수

직류

건전지에 전구를 연결했을 때와 같이 도선을 타고 흐르는 전류의 방향이 한쪽으로만 흐르며 시간이 지나도 변하지 않는 형태를 직류라고 합니다.

교류

콘센트에서 나오는 전기처럼 도선을 타고 흐르는 전류의 방향이 주기적으로 (+)와 (−)를 오가며 변하는 형태를 교류라고 합니다.

주파수

교류 전류의 파형이 1초에 f번 반복될 때, 반복 횟수 f를 주파수라고 합니다. 그 단위는 Hz로 표기하며 헤르츠라고 읽습니다. 반대로 교류 전류의 파형이 T초마다 반복될 때, 시간 T를 주기라고 합니다. 따라서 주파수와 주기 사이에는 F=1/T의 관계가 성립합니다.

주파수에 따른 전파의 분류

초장파(VLW)	3.33kHz〜33.3kHz
장파(LW)	33.3kHz〜333kHz(전파수신 시계, IH 히터)
중파(MW)	333kHz〜3.33MHz(AM 라디오)
단파(SW)	3.33MHz〜33.3MHz(단파 라디오)
초단파(VHF)	33.3MHz〜333MHz(FM 라디오, VHF TV)
극초단파(UHF)	333MHz〜3.33GHz(UHF TV, 전자레인지)
초고주파(SHF)	3.33GHz〜33.3GHz(위성방송)

제8장

신기한 우주와 지구

끝없는 우주, 그리고 우리가 살고 있는 지구의 신비를 풀어 가며
과학 지식을 쌓아 봅시다!

신기한 우주

Q 우주는 어떻게 만들어졌나요?

A 빅뱅이 일어나면서 상상을 초월할 정도의 높은 온도와 압력이 발생하고, 입자와 반입자가 생겨났답니다. 그중 입자만 남아서 서로 충돌하며 융합과 분열을 거듭했고, 이 과정에서 다양한 원소가 생겨났어요.

137억 년 전 한 점에서 대형 폭발이 발생했습니다. 우리는 이 폭발을 빅뱅(big bang)이라 부릅니다. 이 사건을 계기로 우주의 역사가 시작됐죠. 빅뱅으로 입자와 반입자가 생겨났고[74], 순간적으로 입자들의 융합이 일어나 몇 분 후에 원소들이 만들어졌습니다. 그 뒤로 30만 년이 지나서 현재 우주의 원형이 만들어졌습니다. 그리고 우주는 지금도 계속 팽창하고 있어요.

빅뱅으로 우주가 형성되었다는 이론은 1927년에 벨기에의 천문학자 조르주 르메트르(Georges Lemaître)가 처음 주장했습니다. 멀리 있는 은하들이 서로 점점 더 멀어지고 있음을 관측한 르메트르 박사는 일반 상대성 이론을 바탕으로 '우주가 팽창하고 있다'라는 결론에 도달했습니다. 이것이 허블-르메트르 법칙입니다. 르메트르 박사는 이 법칙을 근거로 시간을 거슬러 올라가며 우주의 팽창을 연구했고, 초기 우주는 모든 물질과 에너지가 한곳에 모여 고온·고밀도 상태로 존재했다는 결론을 지었습니다. 이 초기 상태에서 일어난 폭발적인 팽창이 빅뱅이에요.

그 후 1948년에 러시아의 물리학자 조지 가모프(George Gamow)는 '빅뱅이 있었다면 우주 마이크로파 배경복사[75]가 우주 전역에 퍼져 있을 것이다'라고 주장했고, 그의 주장은 1960년대에 검증되었습니다.

---

74 전자와 전자의 반입자인 양전자(positron)가 충돌하면 전자와 양전자가 소멸되어 진공 상태가 된다. 의료현장에서 널리 활용되고 있는 PET/CT(양전자방출 단층촬영)가 이와 같은 현상을 이용한 기술이다. 반대로 극단적인 고온·고압 상태에서는 진공에서 입자와 반입자가 생성된다.
75 우주 전역에서 발견되는 전자기파 복사. 대폭발 후 우주가 식으며 생긴 것으로, 현재까지 남아 전파의 형태로 관측되고 있다. —옮긴이

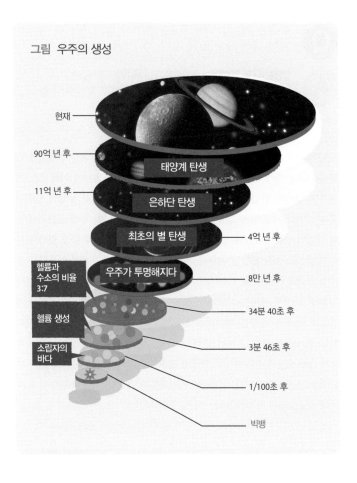

그림 우주의 생성

현재

90억 년 후

11억 년 후 — 은하단 탄생

태양계 탄생

최초의 별 탄생 — 4억 년 후

헬륨과
수소의 비율
3:7

우주가 투명해지다 — 8만 년 후

헬륨 생성 — 34분 40초 후

소립자의
바다 — 3분 46초 후

1/100초 후

빅뱅

우주는 왜 검은색인가요? 별이 이렇게 많은데, 우주는 별이 내는 빛으로 꽉 차 있어야 하지 않을까요?

 빛을 내는 천체는 많지 않고, 우주는 진공에 가까운 상태라 빛의 산란이 거의 일어나지 않기 때문이에요.

만약 우주가 아무리 커도 더 이상 팽창하지 않고 빛을 내는 천체가 일정한 간격으로 분포되어 있다면 우주는 검게 보이지 않을 것입니다. 하지만 우주는 137억 년 전에 탄생해 여전히 팽창 중이고, 별에도 수명이 있어서 빛을 내는 천체의 수가 계속 늘어날 수 없습니다. 게다가 우주 공간은 약간의 성간물질이 떠다니는 것 외에는 진공 상태에 가깝기 때문에 빛의 산란도 거의 발생하지 않습니다. 이런 이유로 별이 있는 곳을 제외한 우주는 검게 보입니다.

우주가 검게 보이는 이유와는 상관없지만, 우주 속 '검은 물질'을 소개할게요. 살짝 딴소리입니다. 미국의 천문학자 베라 쿠퍼 루빈(Vera Cooper Rubin)은 안드로메다은하에 존재하는 별의 움직임을 설명하는 과정에서 빛과 상호작용하지 않는 성간물질인 암흑물질(dark matter)이 우주를 채우고 있다고 주장했습니다. 이와 관련해서 암흑물질의 정체가 소립자인 뉴트랄리노(neutralino)가 아니냐는 주장도 제기되었죠.

우주가 검은색인 이유는 우주가 계속 팽창하고 있고, 별에도 수명이 있기 때문이에요.

Q 밤에는 검은색인 하늘이 왜 낮에는 파란색으로 보이나요?

A 태양 빛이 대기를 지날 때 공기 분자와 부딪혀 산란하기 때문이에요. 파장이 짧은 빛일수록 산란이 더 잘 일어나기 때문에 하늘이 파랗게 보인답니다.

지구의 하늘이 검게 보이지 않는 이유는 대기, 다시 말해 공기가 있기 때문이에요. 공기는 주로 질소 분자(N_2)와 산소 분자(O_2)로 이루어져 있고, 물 분자(H_2O)나 이산화탄소(CO_2)와 같은 기체 분자도 포함되어 있죠. 만약 대기가 없다면 태양에서 오는 빛이 바로 머리 위로 쏟아지겠지만, 실제로는 대기층에 있는 공기 분자와 충돌해 이쪽저쪽으로 흩어집니다.

영국의 물리학자 존 레일리(John Rayleigh)의 이론에 따르면, 기체 분자가 빛과 충돌해 산란할 확률은 빛이 가진 파장의 6제곱에 반비례하기 때문에 파장이 짧은 빛일수록 더 쉽게 산란됩니다. 따라서 파장이 긴 붉은색~노란색 계열의 빛은 많이 산란되지 않고 대기를 통과하지만, 파란색 계열의 빛은 하늘 전체로 흩어져요. 이 빛이 우리 눈에 들어오기 때문에 하늘이 파랗게 보입니다.

그림 하늘이 파란 이유는 태양 빛이 흩어지기 때문이다

레일리의 산란 이론에 따라 파장이 짧은 빛일수록 더 쉽게 산란되기 때문에 하늘이 파랗게 보인다

저녁노을은 왜 붉은가요?

 해가 지는 시간대에는 태양 빛이 지표면에 스치듯이 내리쬐기 때문에 대기를 통과하는 거리가 길어져요. 그 사이에 파장이 짧은 빛은 다 흩어져 사라지고, 파장이 긴 붉은색 빛 성분만 남아요.

다음 그림은 북극에서 지구를 내려다본 모습입니다. 여기에서 알 수 있듯이 낮에서 밤으로 넘어가는 시간에는 태양 빛이 지표면을 스치듯이 지나가기 때문에 낮보다 대기를 통과하는 거리가 훨씬 길어집니다. 그 긴 거리를 지나는 사이에 보라색이나 파란색, 초록색과 같이 파장이 짧은 빛은 대부분 흩어져 사라지고 파장이 긴 붉은색 계열의 빛만 우리 눈에 도달하게 돼요. 그래서 저녁노을이 붉게 보이는 거죠.

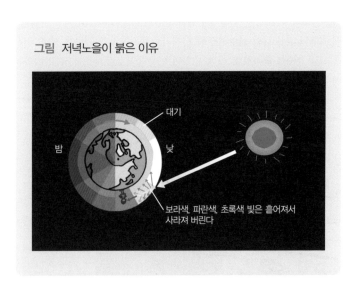

그림 저녁노을이 붉은 이유

또한 낮 동안 바다에서 증발한 수분과 사람들이 만들어 낸 생활 먼지가 붉은 노을빛을 받아 빛나기 때문에 더 붉게 타오르기도 해요.

동이 틀 무렵에 하늘이 불그스름한 이유도 마찬가지입니다. 태양 빛이 대기를 통과하는 거리가 길어서예요. 다만 아침 공기에는 먼지나 수분이 상대적으로 적다 보니 저녁 시간만큼 붉지는 않아요. '아침노을이 선명한 날에는 비가 내린다'라는 말이 생긴 이유가 여기에 있습니다. 습도가 높은 날에는 공기 중의 물 분자가 붉은 태양 빛을 반사해서 아침노을이 더 붉게 보이거든요.

대기현상

 Q 비가 내린 후에는 왜 무지개가 뜨는 건가요?

 A 비가 갠 직후에는 빗방울이 만든 '스크린'에 태양 빛이 닿아요. 태양 빛을 등지고 있으면 빗방울에 들어갔다가 반사되어 나오는 빛을 볼 수 있는데, 파장에 따라 빛이 반사되어 나오는 각도가 달라서 무지개가 만들어져요.

비가 그친 직후에 관측자가 태양을 등지고 서 있으면 무지개를 볼 수 있습니다. 빗방울이 프리즘 역할을 하는데, 빗방울 안으로 들어간 빛이 반사되어 나올 때는 219쪽 그림의 ⓐ와 같이 색이 분해됩니다.

파장이 짧을수록(파란색 계열) 광선이 굴절되는 정도가 크고, 파장이 길수록(붉은색 계열) 굴절되는 정도가 작습니다. 따라서 위쪽에 있는 빗방울(❶)에서 반사된 파란색 빛이 위쪽에, 붉은색 빛은 아래쪽에 생깁니다. 이때 우리 눈에 들어오는 빛은 굴절이 적은 붉은색 빛이겠죠. 한편 아래쪽에 있는 빗방울(❷)에서는 굴절이 큰 파란색 빛이 우리 눈에 들어옵니다. 이런 현상 때문에 빗방울이 만든 스크린의 위쪽은 붉은색으로, 아래쪽은 파란색으로 보입니다.

또한 무지개가 둥글게 보이는 이유는 ⓒ를 보면 알 수 있어요. 예를 들어 빗방울에서 반사된 보라색 빛이 눈에 들어올 때의 각도를 a라고 합시다. 각도 a는 항상 일정하기 때문에, 같은 색의 빛은 눈높이의 연장선과 스크린이 맞닿는 지점 O를 중심으로 원호를 그립니다. 그래서 빗방울이 만든 스크린 위에 둥근 무지개가 그려집니다.

그림 무지개가 뜨는 원리

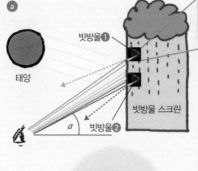

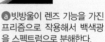

ⓐ빗방울이 렌즈 기능을 가진 프리즘으로 작용해서 백색광을 스펙트럼으로 분해한다.

ⓑ빗방울이 만든 스크린이 태양 빛을 분해한다. 이때 위쪽 빗방울에서는 붉은색 계열의 빛이, 아래쪽 빗방울에서는 파란색 계열의 빛이 우리 눈에 들어온다.

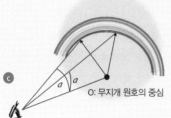

O: 무지개 원호의 중심

ⓒ빗방울에서 나온 특정 색의 빛이 우리 눈에 들어올 때의 각도 a는 항상 일정하다. 따라서 시선을 연장해 빗방울 스크린과 만나는 점 O를 찍은 후, 이를 중심으로 원호를 그리면 우리 눈에 들어오는 빛의 모양이 그려진다.

Column

무지개색은 일곱 가지?

일곱 가지에서 세 가지까지, 무지개색은 기준이 나라마다 다릅니다. 일곱 가지 기준은 아이작 뉴턴이 프리즘으로 백색광을 분해했을 때 색을 일곱 가지 색으로 정의한 것이 근거였습니다. 어쩌면 이때 뉴턴도 음악에서 사용하는 '도레미파솔라시'나 점성술 같은 데서 영감을 얻었을지도 모를 일입니다. 일본은 19세기 말 영국의 교과서를 참고해서 무지개를 일곱 가지 색으로 규정했습니다. 어느 나라든 색을 규정하는 일은 정치, 문화, 습관, 환경, 종교에 따라서 달라지기 마련입니다.

구름은 물방울과 얼음 알갱이로 만들어진다고 들었어요. 그런데 어떻게 하늘에 떠 있을 수 있나요?

 구름을 구성하는 물방울이나 얼음 알갱이는 아주 작은 미립자예요. 체적 대비 표면적이 커서 낙하할 때 받는 공기 저항이 크고, 그만큼 낙하 속도도 느리답니다. 구름은 상승 기류가 있는 곳에 생기기 때문에 미립자의 낙하와 상승이 균형을 이루어서 떠 있을 수 있습니다.

지표면의 공기는 주변보다 기온이 높으면 따뜻해져서 상승 기류를 만들며 위로 올라갑니다. 하지만 위로 올라가면서 온도는 점점 내려가고, 어느점 이하로 온도가 떨어지면 공기 중에 있던 수증기는 에어로졸[76]을 핵으로 삼아 물방울이나 얼음 알갱이로 변합니다. 이때 생긴 물방울이나 얼음 알갱이의 지름은 10μm 정도로 작아서 체적 대비 표면적이 크기 때문에 낙하할때 받는 공기 저항이 크고, 그만큼 낙하 속도도 느립니다. 떨어지는 속도와 밀어 올리는 속도가 서로 균형을 이루면 공중에 떠 있게 됩니다. 공기 중을 떠 다니다 다른 입자들과 합쳐져 지름이 mm 단위로 커지면 빗방울이 되어 떨어집니다. 이것이 우리가 아는 비입니다.

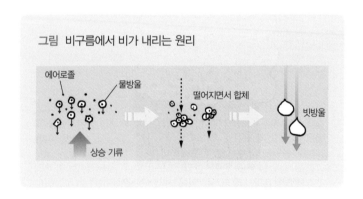

그림 비구름에서 비가 내리는 원리

에어로졸
물방울
떨어지면서 합체
빗방울
상승 기류

---

76 공기 중에 떠 있는 고체 또는 액체 상태의 입자. ―옮긴이

구름은 왜 하얗게 보이나요?

 빛이 구름 입자와 충돌하여 산란하기 때문에 하얗게 보인답니다.

125쪽에서 무색투명한 물체를 가루로 만들면 빛이 산란해서 하얗게 보인다고 설명했죠. 구름을 구성하는 물방울이나 얼음 알갱이도 원래는 투명한 물체지만, 입자의 크기가 수십 μm 정도로 작아서 입자와 충돌한 빛이 산란하기 때문에 우리 눈에 하얗게 보입니다.

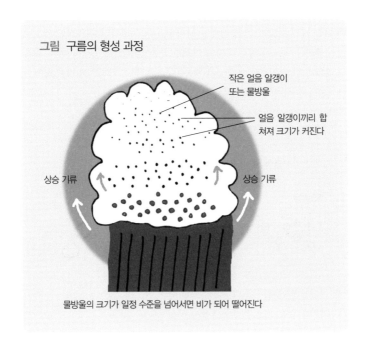

그림 구름의 형성 과정

작은 얼음 알갱이 또는 물방울

얼음 알갱이끼리 합쳐져 크기가 커진다

상승 기류

상승 기류

물방울의 크기가 일정 수준을 넘어서면 비가 되어 떨어진다

〈참고문헌〉

兵藤申一, 『身のまわりの物理』, 裳華房, 1994.

佐藤勝昭, 『金色の石に魅せられて』, 裳華房, 1990.

ウォーク, 『金属なんでも小事典』, 講談社, 1997.

福江 純・粟野諭美・田島由起子, 『光と色のしくみ』, ソフトバンククリエイティブ, 2008.

小林久理眞, 『したしむ磁性』, 朝倉書店, 1999.

小林洋志, 『発光の物理』, 朝倉書店, 2000.

佐藤勝昭・越田信義, 『応用電子物性工学』, コロナ社, 1989.

하루 한 권, 생활 과학 Q&A

초판 인쇄 2024년 01월 31일
초판 발행 2024년 01월 31일

지은이   사토 가쓰아키
옮긴이   이은혜
발행인   채종준

출판총괄   박능원
국제업무   채보라
책임편집   박민지 · 김도영
마케팅   조희진
전자책   정담자리

브랜드   드루
주소   경기도 파주시 회동길 230 (문발동)
투고문의   ksibook13@kstudy.com

발행처   한국학술정보(주)
출판신고   2003년 9월 25일 제 406-2003-000012호
인쇄   북토리

ISBN 979-11-6983-822-1 04400
       979-11-6983-178-9 (세트)

드루는 한국학술정보(주)의 지식 · 교양도서 출판 브랜드입니다.
세상의 모든 지식을 두루두루 모아 독자에게 내보인다는 뜻을 담았습니다.
지적인 호기심을 해결하고 생각에 깊이를 더할 수 있도록, 보다 가치 있는 책을 만들고자 합니다.